畅销全球的成功励志经典

BEST-SELLIN GLOBAL SUCCESS INSPIRATIONAL CLASSIC

想到更要做到

李志敏 ◎ 编著

民主与建设出版社

图书在版编目（CIP）数据

想到更要做到 / 李志敏编著 . —北京：民主与建
设出版社，2015.4

ISBN 978-7-5139-0630-2

Ⅰ.①想… Ⅱ.①李… Ⅲ.①成功心理—通俗读物
Ⅳ.①B848.4–49

中国版本图书馆 CIP 数据核字（2015）第 068682 号

想到更要做到

出 版 人	许久文	
编　　著	李志敏	
责任编辑	王　颂	
封面设计	逸品文化	
出版发行	民主与建设出版社有限责任公司	
电　　话	（010）59417747　59419778	
社　　址	北京市朝阳区阜通东大街融科望京中心 B 座 601 室	
邮　　编	100102	
印　　刷	北京威远印刷有限公司	
版　　次	2015 年 5 月第 1 版　2015 年 5 月第 1 次印刷	
开　　本	710×1000　1/16	
印　　张	13	
字　　数	130 千字	
书　　号	ISBN 978-7-5139-0630-2	
定　　价	29.80 元	

注：如有印、装质量问题，请与出版社联系。

目录
contents

第一章　有目标，更要有行动

01　从你的损失中获利 …………………………………… 2
02　把大目标分解成小目标 ……………………………… 3
03　餐巾上的大舞台 ……………………………………… 5
04　不倒的木桶 …………………………………………… 7
05　换一个角度看问题 …………………………………… 10
06　别把目标建立在流沙上 ……………………………… 11
07　看清目标再行动 ……………………………………… 13
08　努力就会有收获 ……………………………………… 16
09　心态决定命运 ………………………………………… 17
10　改变自己从而改变命运 ……………………………… 19
11　满怀热情向目标迈进 ………………………………… 21
12　做了，才有成功的可能 ……………………………… 24

第二章　有什么样的行动，就会有什么样的结果

01　在竞争中合作，在合作中竞争 ……………………… 28
02　双赢使你成就卓越 …………………………………… 29
03　学学蚂蚁的团队精神 ………………………………… 31
04　交友要谨慎 …………………………………………… 34
05　别把竞争演化成恶性攻击 …………………………… 35
06　让对手成为你前进的动力 …………………………… 38
07　给目标制定一个计划 ………………………………… 40

08　人生没有"极限" ································ 43

09　永远不要想着"还有明天" ·················· 44

10　认清劣势,并将其转化为优势 ············ 46

11　休息是为了精力更加充沛 ················ 49

第三章　良好的处世方法,减少成功路上的阻力

01　嫉妒之心要不得 ···························· 52

02　不要夸大其词 ······························· 55

03　正视自己的缺点和不足 ···················· 57

04　对别人不要以偏概全 ······················ 59

05　摒弃多疑和敏感 ···························· 60

06　恰到好处的赞美 ···························· 62

07　多用"软"批评 ····························· 64

08　要善于倾听 ································· 66

09　相同的意思用不同的方式表达 ············ 69

10　想说别人闲话时,记着闭上自己的嘴 ······· 72

11　微笑是最好的名片 ························· 75

12　快乐的生活 ································· 77

13　学会自我克制 ······························ 80

14　赞扬的技巧 ································· 82

第四章　有积极的想法,还要有坚持不懈的努力

01　谦虚是一种美德 ···························· 86

02　关键时刻保持冷静 ························· 88

03　上帝青睐勤奋之人 ························· 90

04　要有真切的敬业之心 ······················ 93

05 不要陷入失败的痛苦不能自拔 ················· 95

06 有想法还要有行动 ······························· 97

07 心中有志气 ····································· 99

08 永远不放弃 ····································· 102

09 付出越多,得到越多 ··························· 105

10 不要停住前进的脚步 ··························· 107

11 学会宽容与自我解嘲 ··························· 109

12 强大自己,不战而胜 ··························· 112

13 珍惜你此刻所拥有的 ··························· 114

第五章　克服行动的大敌,使成功提前到来

01 不要盲目相信权威 ····························· 118

02 打破思维定势 ································· 119

03 常问自己:"你看到了什么?" ················· 122

04 只要使一部分人满意就够了 ····················· 123

05 先见之明比后天补救更重要 ····················· 125

06 具备坚持到底的毅力 ··························· 127

07 发掘自己内心的精神力量 ······················· 129

08 改变要从内心开始 ····························· 131

09 不要害怕被拒绝 ······························· 134

10 勇敢地迈出第一步 ····························· 137

11 不要养成依赖别人的习惯 ······················· 139

12 负面的心理暗示要不得 ························· 142

13 发挥每个人的优势 ····························· 144

14 在危险降临前就做好准备 ······················· 146

15 撞到"南墙"要回头 ··························· 148

第六章　为想法找办法

01　请弯下你的腰 …………………………… 154

02　学会以柔克刚 …………………………… 156

03　忘记过去,把握现在 …………………… 158

04　战胜别人最好的方法就是把他变成朋友 ………… 160

05　不要把事情做到极致 …………………… 162

06　适应环境 ………………………………… 165

07　要有长远的眼光 ………………………… 168

08　责任点燃激情 …………………………… 170

09　打破固有的思维模式 …………………… 172

第七章　方法总比问题多

01　抓住解决问题的关键 …………………… 176

02　不要盲目模仿 …………………………… 179

03　一开始就做出正确的选择 ……………… 182

04　成功者离不开换位思考 ………………… 183

05　独特才能领先 …………………………… 186

06　勇于尝试并重视自己 …………………… 188

07　对待非议要理智 ………………………… 190

08　教训和经验同样重要 …………………… 193

09　得意之时不忘形 ………………………… 195

10　用最重要的时间做最重要的事 ………… 197

第一章

01

有目标，更要有行动

在你树立你的人生目标前，请确定一个将要达成的比较明确的目标，敞开你的思想，让各种设想在相互碰撞中激起脑海的创造性风暴，这时，你的思维高度活跃，打破了常规的思维方式，从而产生了大量的创造性设想。于是，你的计划开始逐渐清晰起来。然后，你要开始行动，记住：一万个空洞的计划不如一个实际的行动。

01 从你的损失中获利

住在美国弗吉尼亚州的一个农夫，出巨资买下了一片农场之后突然发现自己上当了，因为这块地糟糕得既不能种水果、蔬菜，也不能养猪、养鸡。这里能够存活的只有白杨树和响尾蛇。在一番沮丧和悔悟之后，他意识到一点：要把这块坡地的价值利用起来——那些响尾蛇是关键。之后，他便积极地干起来。他的做法令每个人都很吃惊，因为他居然做起了响尾蛇罐头。几年后，他的生意已经遍地开花，每年到他农场来参观的人达到几万人次。除了把响尾蛇的肉制成罐头进行销售以外，他又把从响尾蛇中取出的蛇毒，运送到各大药厂去做蛇毒的血清，把响尾蛇的皮以很高的价钱卖给厂商做鞋子和皮包。由于他独到的眼光和天才般的贡献，他所在的村子现在已经改名为响尾蛇村了。

威廉波里索曾经告诉世人这样一条真理："生命中最重要的一件事情，就是不要拿你的收入来当资本。任何傻子都会这样做，但真正重要的是要从你的损失中获利。这就必须有才智才行，也正是这一点决定了傻子和聪明人之间的区别。"

不幸的是，大多数人被威廉波里索言中，他们根本没有想过如何从损失中创造性地获得利润。其实，我们并不缺乏把不利因素化为有利因素的能力，主要缺乏的是心态。我们把大部分的时间都耗费在无聊的痛苦悔恨上，反而舍不得花点脑力，想个办法来研究柠檬的特性，所以我们从来都不曾做出一杯柠檬水，更谈不上成功。

万事俱备，只欠东风，只是一种美好的想象而已。任何时候，想要具备完全理想的条件和资源再去努力是不太容易的，也几乎是不可能的，惟一能够抓住并有效利用的就是手上可供支配的一些资源，无论是金银珠宝还是废铜烂铁，不要气馁，不要埋怨，不要随手将它们抛弃，也许正是它们才是你走向成功的最原始的支点。

尼采对超人的定义是："不仅是在必要的情况下忍受一切，而且还要喜欢这种情况。"通过无数成功者的成功历程可以看到：他们刚开始起步的条件并不比我们优越多少，甚至还不如我们，他们所不同的是没有在痛苦、抱怨中沉沦，而是用积极的心态暗示自己：我还有机会。于是充分利用自己手中现有的一点资源努力进取，甚至把缺陷也做成了"特点"，慢慢地，他们也就创造、积累了更多、更好的新资源。

人与人之间本质上的差异其实很小，每个人的命运之所以截然不同，其差别就在于心态，尤其是面对失败、挫折、困难时的心态，正是因为不同的人有不同的心态，才造就了不同的人生。

02 把大目标分解成小目标

一只新组装的小钟放在了两只旧钟当中，两只旧钟"滴答"、"滴答"一分一秒地走着。

其中一只旧钟对小钟说："来吧，你也该工作了。可我有一点担心，你走完 3200 万次以后，恐怕便吃不消了。"

"天哪！ 3200 万次！"小钟非常吃惊，"要我做这么大的事？我办不到，办不到！"

另一只旧钟说："你别听它胡说八道，不用走 3200 万次，你只要每秒钟滴答一声、摆一下就行了。"

"天下哪有这样简单的事情，"小钟将信将疑，"如果这样，我就试试吧。"

小钟很轻松地每秒钟"滴答"摆一下，不知不觉中，一年很快过去了，它轻松地摆了 3200 万次。

每个人都希望成功，但真正成功的人并不多。为什么会这样呢？因

为每个人的成功目标都似乎远在天边,遥不可及,倦怠和不自信让绝大多数人放弃了努力。

实际上,在面对一件自己从未尝试过的事情时,每个人的内心深处都会发出疑问:"我真的能做到吗?"就像故事中的小钟一样,在听说自己要走3200万次才能完成一年的时间时,立刻对自己的能力产生怀疑时一样。

这时候即使是一味地告诫自己要勇敢、要坚持,也很难改变"逃跑"的念头。聪明的人让自己变得自信的方法不是强迫自己肯定心中的宏伟目标,而是把这个大目标分成几个小目标,先让自己对实现这些小目标产生自信,进而对大目标也自信起来。

有一个看似很难回答的问题:"怎样吃掉一头大象?"而实现一个看似艰难的目标也就像吃掉一头大象一样。

"一口一口地吃掉。"把一项艰难的任务分解成一项一项的具体内容,然后从第一个内容开始做。这个世界上没有任何捷径能够一步登天,只有脚踏实地,才能走得稳,走得高。

一个农民的儿子与父母一起在地里锄草,由于儿子平时没有干过农活,所以只干了一会儿,就不耐烦地问父亲什么时候才能休息。父亲指着远远的垄头说："等锄到地头才能休息。"

儿子向地头望望，又回头看看已经完成的工作，泄气地说："那么远啊！"母亲说："其实不远，看见地边的小树了吗？等你锄到第六棵小树脚下就可以休息了。"儿子顿时来了精神，又认认真真地锄起草来，不知不觉就到了第六棵小树脚下。

你要对你的目标进行有效的管理，把整体目标分解成一个个易记的小目标，把你的目标想象成一个金字塔，塔顶就是你人生的大目标，你定的目标和为达到目标而做的每一件事都必须指向这个大目标。

我们无法一下子成功，只能一步步走向成功。想要实现任何目标都要按部就班做下去才行。别强迫自己对一个远大的目标产生自信，因为这种强迫会使自信产生太多的"水分"，一旦遇到困难或时间太久就会动摇甚至坍塌。如果把大目标分成一个个小目标，就可以很自然、很轻松地产生自信，这样的自信才有利于目标的最终实现。

03　餐巾上的大舞台

艾戈尔是德国汉堡的自由职业画家，当年从法国来到德国时，他整天吃不饱、穿不暖，千辛万苦地画着，梦想着将来有一天出人头地。然而，经过数年努力，仍然事与愿违，那些呕心沥血创作的油画无人问津，他依旧口袋空空，极其落魄。这时，他意识到，自己的想法和做法不切实际，必须换个方向前进。

经过观察，艾戈尔发现，德国一般的家庭普遍都很重视一件事：每天全家一起共进晚餐。为了营造共进晚餐的气氛，虽然食品简单得只是些面包、果酱和香肠，但场面绝对高贵、典雅。最富特色的是这样的晚餐，都要铺上艺术餐巾纸，并根据不同的天气、不同的节日以及当天的幸运色来挑选合适的艺术餐巾纸。若是品东方茶，就配上印有东方茶具等图案的

餐巾纸;如果喝咖啡,则垫上印有巧克力豆的餐巾纸。因此,在德国,10 张一包的艺术餐巾纸的价格一般都在 4~5 欧元左右,而且销售行情一直很好。

这时,艾戈尔有了自己的想法,决定改变自己艺术追求的方向。他成立了自己的餐巾纸设计公司,将法国人的浪漫充分体现在设计作品中,将德国人的严谨应用到企业管理中。经过一年的努力,他从一个食不果腹的自由画家转型为一位设计师,在艺术餐巾纸的设计和销售方面更是名声远扬。现在,他正考虑如何实现当一名著名画家的梦想,还想建立一个博物馆,将自己设计的所有艺术餐巾纸陈列出来,供人参观、收藏。

在实现成功目标的努力中,很多时候,除了顽强斗志和不懈奋进外,更需要正确的方向和方法。一味蛮干,只低头拉车,不抬头看路,也许永远到不了自己的目的地。

所以,方向对一个人的发展是十分重要的。很多人只知道低头赶路,却不晓得自己要去哪里,自己走的这条路是不是适合自己的路、是不是正确的路。这样低着头赶路,无论你有多大的决心去、付出多大的努力,也不会取得令人满意的结果,因为,这个方向并不一定适合你,如果不及时地改变方向,寻找出正确的方法,一味地蛮干下去,你只会与成功背道而驰。

这个道理其实很简单，但并没有多少人意识到这一点。

在当今这个激烈竞争的时代，每个人都在忙碌。在这样的忙碌中，如果只是埋头做事，而少了抬头看路，少了思考、分析、总结这几个重要环节，不仅白忙一场，而且还会离成功越来越远。要知道，成功只偏爱善于思考的人。

在实现目标的过程中，谁都会遇到这样那样的问题，这时，谁最先改变方向，找到方法，谁最先做出正确的决策，谁就能在激烈的竞争中获胜，早日实现心中的理想。

工作中，我们常常会碰到不知道该怎样抉择，或者不知道什么才正确的情况，但学会时时思考，抬头看清道路，可以使我们离成功越来越近。不要总是抱怨自己忙碌、没有时间，殊不知，抽出空来抬头看看前面的路，能让今后的忙碌更具成效。

所以，要想事情朝着自己的意愿发展，就要看清方向，就要多想办法，聪明地去做事，而不是蛮干。

04 不倒的木桶

一个黑人小男孩在父亲的葡萄酒厂看守橡木桶。每天早上，他需要做的工作就是用抹布将一个个木桶擦拭干净，然后一排排整齐地摆好。令他生气的是：往往一夜之间，风就把排列整齐的木桶吹得东倒西歪。小男孩每次看到这种情景，总会忍不住委屈地哭起来。

父亲摸着男孩的头，说："孩子，别伤心，我们可以想办法去征服风。"

小男孩擦干眼泪，坐在木桶边想啊想啊，终于想出了一个办法。他挑来一桶一桶的清水，把它们倒进那些空空的橡木桶里，然后忐忑不安地回家睡觉了。

第二天，天刚蒙蒙亮，小男孩匆匆爬起来，跑到放桶的地方一看，那些

橡木桶一个个排列得整整齐齐,没有一个被风吹倒的,也没有一个被风吹歪的。

小男孩高兴地笑了,对父亲说:"木桶要想不被风吹倒,就要加重自己的重量。"

父亲赞许地笑了。

我们可能改变不了风,改变不了这个世界上的许多东西,但是我们可以给自己加重,改变自己,提高技能,成熟思想,让我们的身体充满知识、智慧,从而稳稳地站在这个世界里,不被风雨吹倒——这正是一个人在人生中不被淘汰的惟一办法。

幸运之神不会永远眷顾你,想要不被判出局,想要获胜,最重要的就是力争上游,不断积累、提升自身能力。

要在人生的道路上永远站稳,你需要不断地积累知识、提升能力,给自己加重。生命如逆水行舟,不进则退。你要不断学习,不断完善自己,为自己赢得机会,让自己始终先人一步。只有这样,你才能成为强者,才能一路笑到最后。

如果你想力争上游，你就必须时刻为自己加重。给自己加重不是一句空话，它需要你时刻放在心上，记在脑海，并付诸实践。你必须有深刻的危机意识，如果自己不给自己加重，不主动积极地提高自己各方面的能力，早晚会被人淘汰。不断警醒自己，是否还欠缺什么，是否还需要新一轮的充电。加重并不是一句空话、大话，它需要你认真地分析、思考，把加重落到实处，明白自己到底需要提高哪些方面的能力。是知识、技能，还是经验？凡是你欠缺的，都是你应该提高的地方。千万不要自我感觉良好，停滞不前，那只会坐以待毙。

但是，仅仅知道自己欠缺什么是不够的，你还应了解当今社会需要什么。所以，你不能囿于自己的行业范围，你还应当放眼社会。无论你从事什么工作，你都要具备最基本的知识技能。因为行业始终是社会中的行业，社会的任何变动都会给它带来巨大的冲击。例如，经济的全球化迫使你必须掌握一门外语，而计算机的普及也要求你至少懂得它的基本操作。要想在现代社会立足，你就必须拥有现代社会的生存武器。

在当今多元化的社会里，各种思想、各种观念的撞击，会使我们受到来自各个方向的"风"的"洗礼"。我们惟一能做的就是把握自己，不断充实自己，让自己具备应变的能力。不仅如此，我们更要善于为自己创造机会。要增加自己各方面的知识和能力，为自己赢得机会做好充分准备，这样，我们就可以稳稳地站在这个世界上，不被其他东西吹得东倒西歪。

丰富自己并不像一般人所想的那样，一定要报个什么班，或是去哪所学校学习。学习其实是无时不可，无处不行的。你只要有一颗敏锐的头脑和一双善于发现的眼睛，那么在日常生活的每一个细节中，你都可以发现值得你学习的地方，值得你学习的人。

只要你愿意，你可以随时随地地为自己加重。加重永远是现在进行时，它永不停歇，也永无止境。要让加重成为你人生的一个基本信条，要让加重成为你的习惯，要让加重贯穿于你生活的每一个细节当中，要让加重成为你生命中不可分割的组成部分。

05 换一个角度看问题

英国曾经举办过一次有奖征答活动,题目是这样的:在一只热气球上,载着三位关系到人类生存和命运的科学家。一位是环保专家,如果没有他,地球在不久之后就会变成一个到处散发着恶臭的太空垃圾场。一位是生物专家,他能使不毛之地变成良田,解决数以亿计的人的生存问题,还能够用基因技术使人的寿命延长到 200 岁。还有一位是国际事务调解专家,没有他的存在,各军事大国的矛盾也许一触即发,地球将面临毁于核战争的阴影之中。

但不幸的是,三位专家所乘坐的热气球发生了故障,正在急速地下落。除非把其中一个人扔出去,也许还有脱离危险的可能。问题就是,把谁扔下去呢?

把谁扔下去呢?你可能会想:"环保专家很重要,没有他,人类生存的环境将难以想象。可是生物专家解决的可是吃饭问题,没有粮食人类也会饿死。国际事务调解专家也很重要,如果发生核战争,人类依然会灭亡……"

最后,这次活动的获奖者竟是一个小男孩,而且他的答案很简单:把最胖的一个扔下去。

很多时候,人们习惯了某种惯性思维。但是,如果你不甘于平庸,想在竞争中取得成功,那么就必须跳出惯性思维,学会换个角度看问题。

换个角度看问题是一种重要的思维方式。通常,人们习惯于沿着事物发展的正方向去思考问题并寻求解决办法。但是,对于一些特殊问题,反过来思考,反过来想或许会使问题简单化。

在我们的生活中,常有这样的情况,一些做事方法经过人们多年的重复,在人们头脑中固定下来,大家墨守成规,不再想着另选一种方法,因而事情永远是老样子。其实，这些旧有的办法，也许并不是最好的，只不过大家都这么做而已。在这时，要想前进，要想发展，这旧有的办法就成了绊脚石，阻碍我们前进的脚步。

换个角度思考问题，这是绝大多数人没有想到的思维方式。杨绛先生在其《隐身衣》一文中写道："假若是个萝卜，就要力求做一个水多肉脆的好萝卜；假如是白菜，就要做一棵瓷瓷实实的包心好白菜。"有许多人固然生活在平凡中，但平凡中可以创造一个不平凡的自我。学会换个角度思考，问题将变得简单，生活将变得美丽。

一片落叶，你也许会看到"零落成泥碾作尘"的悲惨命运，但只要换个角度想，你便会发现它"化作春泥更护花"的高尚节操；一根粉笔，三笔两画，生命便会结束，但它却在学生心中撒下了知识的种子。

可见，换个角度看问题不仅可以解决科技发明中的难题，对生活、工作、事业也都有重要作用，它能够开启成功的大门。

06　别把目标建立在流沙上

有一天，小海马做了一个梦，梦见自己拥有了7座金山。从美梦中醒来，小海马觉得这个梦是一个神秘的启示：它现在全部的财富是7个金币，但总有一天，这7个金币会变成7座金山。

于是，小海马带着仅有的7个金币毅然地离开家，去寻找梦中的7座金山。小海马竖着身子游动着，游得很缓慢。它一边在大海里艰难地游动，一边在心中幻想：那7座金山会突然出现在眼前。然而金山并没有出现，出现在眼前的是一条鳗鱼。鳗鱼在得知小海马要找金山却游得太慢时，提议可以卖给小海马一个鳍。小海马爽快地答应了。

小海马戴上买来的鳍，发现自己游动的速度果然提高了一倍。小海马欢快地游着，心想金山马上就会出现在眼前了。然而出现在小海马面前的是一个水母。水母又给小海马出了一招："你看,这是一个喷气式快速滑行艇,你只要给我3个金币,我就可以把它卖给你。有了它,你可以在大海里飞快地行驶,想到哪里就能到哪里。"

小海马毫不犹豫地买下了这个快速滑行艇,它坐上这个神奇的小艇,速度一下子提高了5倍。小海马想,用不了多久,金山就会出现在眼前了。

然而,金山还是没有出现,出现的是一条大鲨鱼。鲨鱼对它说："你太幸运了,对于如何提高你的速度,我有一套彻底的解决方案。我本身就是一条在海里飞快行驶的大船。你只要搭乘我这艘大船,你就会节省大量的时间。"大鲨鱼说完,就张开了大嘴。

"那太好了,谢谢你,鲨鱼先生!"小海马一边说一边钻进了鲨鱼的口里,向鲨鱼的肚子深处欢快地游去……

小海马最后不仅未找到它所梦见的7座金山,而且它还丢了性命。为什么会是这样的结果呢? 你可能会说:"它的目标不切实际"、"它找错了问题的关键点——问题的关键是金山的位置而不是提高速度"、"它没有对解决方案进行论证"等。

是的,这则寓言正是告诉我们别把目标建立在流沙上,不切实际的目标会使企业遭遇失败,会使团队绩效降低,会葬送个人的前途。所以,不管你是为自己还是为企业制定目标，都要记住一切从实际出发。

在这个快速发展的时代，这则寓言给了我们很好的启示。有些企业嫌自己"游得太慢"了，于是快速收购和兼并一些企业以快速扩大企业的规模，增强企业的实力，但最终却因无法消化、吸收这些"死鱼"而走上了破产之路。有些个人也嫌自己晋升得太慢了，于是频繁跳槽以期获得一步登天的机会，但最终却因诚信等各种问题而一无所获。别轻信速度，速度并不是解决一切问题的关键，问题的关键在于真正提高实力和素质。

所以，我们要依据自己的实际情况来制定目标，不能定得太高，也不能定得过低，要切实可行。只要你能定下切实可行的目标，然后按照这个目标去努力，目标就完全可以实现。

记住这条原则，你将会终生受益。

07　看清目标再行动

唐太宗贞观年间，长安城西的一家磨坊里，有一匹马和一头驴子，它们是好朋友。马在外面拉东西，驴子在屋里拉磨。贞观三年（627），这匹马被玄奘大师选中，出发经西域前往印度取经。

17 年后，这匹马驮着佛经回到长安。它重到磨坊会见驴子朋友。老马谈起这次旅途的经历：浩瀚无边的沙漠，高入云霄的山岭，凌峰的冰雪，热海的波澜……那些神话般的境界，使驴子听了极为惊异。驴子惊叹道："你有多么丰富的见闻啊！那么遥远的道路，我连想都不敢想。"老马说："其实，我们跨过的距离是大体相等的，当我向西域前行的时候，你一步也没停止。不同的是，我同玄奘大师有一个遥远的目标，按照始终如一的方向前进，所以我们打开了一个广阔的世界。而你被蒙住了眼睛，一生就围着磨盘打转，所以永远也走不出这个狭隘的天地。"

有些人看上去总是忙忙碌碌，却收效甚微，其原因就是没有为自己树

立明确的计划和奋斗目标。他们不停地四处盲目奔跑,把自己弄得精疲力竭,结果却什么也没有得到。

《列子·汤问》中记载了这样一个故事:纪昌跟天下最好的神射手飞卫学习射箭。神箭手并没有教给他怎样校弓、调弦,怎样用力拉弓,怎样摆正姿势,怎样搭上箭,怎样拉弓弦,怎样去瞄准,而只是交给他一粒芥子,说:"仔细观察它,把它看成很大。"

纪昌接受了教导,回到家里,用丝线将芥子吊了起来,整天仔细观察。整整看了一年,终于将这个小芥子看成了一个西瓜那么大。于是,他拉弓搭箭,"嗖"的一声,射断了丝线。

纪昌高兴地跑到师傅那里去报告,师傅说:"你不要高兴得太早了,你只看清了静态的目标,你还不能看清动态的东西。"

师傅又让他回到家里,看妻子纺线。在梭子飞快地运行时,他眼睛一眨也不眨地观察。一年以后,他操起弓箭,对着狂风中摇摆的树枝,"嗖"的一箭,正中柳叶的叶柄,柳叶飘落下来。后来他也成了神箭手。

不教射箭而教看靶心,神箭手的教学方法表现得似乎与众不同,有点脱离正题。实际上,这正是他的智慧所在。拉弓、调弦、摆姿势等动作并不难,难的是把握目标。如果无法看清靶心,姿势摆得再正确、弓拉得再满也没有多大意义。不是神箭手的教学方法脱离了正题,而是我们舍本逐末了。

目标是本，我们所做的每一件事都必须以目标为中心。只有把注意力凝聚在目标上，而不是弓箭上，你才能成为一名神箭手。可是在我们完善人生的道路上，我们常常把注意力放在那些细枝末节上，最后把目标弄丢了。

一个老师给学生们讲了这样一个故事：有三只猎狗追一只土拨鼠，土拨鼠钻进了一个树洞。这个树洞只有一个出口，可不一会儿，居然从树洞里钻出一只兔子。兔子飞快地向前跑，并爬上另一棵大树。兔子在树上，仓皇中没站稳，掉了下来，砸晕了正仰头看的三只猎狗。最后，兔子终于逃脱了。故事讲完后，老师问："这个故事有什么问题吗？"有人说："兔子不会爬树。"还有人说："一只兔子不会同时砸晕三只猎狗。"直到再也没人能挑出毛病了，老师才说："还有一个问题，你们没有提到，土拨鼠哪去了？"

猎狗追逐的目标是土拨鼠，可他们的注意力却被突然冒出的兔子吸引走了，而忘了最初的目标"土拨鼠"。在追求目标的过程中，经常会半路冲出"兔子"，分散我们的精力，扰乱我们的视线，以致中途停顿下来，或者走上岔路，而放弃了自己原先追求的目标。比如，本来是要趁着竞争对手元气大伤时扩大企业的市场份额的，却发现其他市场更有利润空间，而放弃最初目标。再比如，本来是要学习外语的，却发现自己的着装总不招人喜欢，于是潜心研究服装搭配，再不翻开外语书本……在现实目标的道路上，最忌讳的就是朝三暮四。

把握住目标是一个人或一个企业成功的基础。只有盯住"土拨鼠"，盯住目标，你才可能获得成功。

08　努力就会有收获

许多人认为,人应该接受生活抛给自己的一切。他们会说:"这就是我的命运。我的命运,我不能改变它。"

当然不是! 真正决定我们生活的,并不是命运,而是我们自己。

命运不是一成不变的,即使我们曾经承受了过多的苦痛,现在也可能经受着生活的折磨,但只要你敢于向命运挑战,敢于寻找命运的突破口,你就一定能改写自己的命运。

有一个人说她要接受生活所给予的一切,因为她已经尽一切努力去改善生活了。

大家猜猜她有着一种怎样的生活方式?

她早上醒来吃过早饭,去工作,下班,回家,休息,和别人闲聊,看电视,然后上床睡觉。这样的生活周而复始。

这就是她所说的"尽一切努力"!

她认为她已经尽了全力,在心里接受了这样的想法,即这就是上帝为她安排的生活,只有上帝愿意,她才会变得幸运。

当然,上帝希望我们幸福快乐、生活美满,但这需要我们的努力,为过上我们梦想的生活而努力。

努力就会有收获。

你不能坐等天上掉下百万美元来。你必须从沙发上起身,把眼睛从电视屏幕移开,放下手中的电话——除非它有助于你获得成功,然后,把你的思想和身体全部投入到工作中!

如果你现在的生活并不是你理想中的生活,不要只是说"我们的机会会来的",或"总有一天事情会好转的"。别指望运气会改变,除非你有所行动。当问题出现时,不要只等着命运的宣判,而是把它当成一种正常反应,学会与命运抗衡,并汲取教训,充分利用当时的情况,采取行动来解决问题,才能为自己争取到更多的幸福。

积极地思考是不够的,你还必须积极地行动。

如果某个人的生活陷入困境,你只是希望和祈祷事情好转起来吗?当然不是,你必须尽你所能去解救这个人。

因此,对于自己的生活也是这样。仅仅抱有乐观的态度是不够的,而是要尽全力做到最好。也就是说,不要只是站(或坐)在那儿,要行动起来改变你的生活。

一个人的生活中总会有这样、那样的机会,只要你努力,只要你行动,幸福的生活一定属于你。

09　心态决定命运

有一天,小树忽然问大树:"你为什么长得这么高大,这么粗壮呢?"

大树说:"我每天被露珠、雨水和山泉滋润着,享受着朝曦和晚霞,有腐叶和鸟粪做肥料,所以我长得这样高大粗壮。"

小树说:"是这些东西让你的体形如此粗壮吗?"

大树说:"当然,还要感谢风雨雷电,它们对我的成长而言,不是苦难,而是帮助。因为风为我做身材的修剪,雨为我洗去身上的尘埃,雷唤醒了我的正直,电为我斩除了傲慢和无礼。"

小树说:"可是为什么有的树长得那样干瘦弯曲呢?"

大树说:"那是因为它们心里怀有抱怨、不满和愤恨,这些东西最能阻碍成长。"

小树说:"可是我为什么长得这么矮,这么瘦小?"

大树说:"孩子,只要你能像我一样看待事物,有一天你也会长得像我一样高大粗壮!"

　　心态决定一个人的命运，影响人的一生，也是成功与失败的决定性因素。因为只要你能树立并保持积极的心态，就可以通过一切有效的方式来弥补其他方面的不足，比如知识、能力、职位、金钱等。但如果你的心态消极，除非你改变自己的内心，否则任何东西都无法帮你挽回和弥补已经或即将失去的一切。并且，当你的心态逐步向消极方面倾斜的时候，你就会抵制改变，抵制一切与自己的思维不对应的东西。

　　每个人的一生都会遇到许多困难和挫折，当你面对挫折和打击的时候，是以积极的心态去解决突破、另辟蹊径，还是选择逃避后退、一蹶不振，都取决于你的心态。不同心态的人所做出的选择也不同。

　　古今中外的事实证明，最成功的人往往并不是最聪明、最有才华的人，他们的才华通常只是略胜于其他人或者与其他人接近。而那些非常聪明、被人们认为极有才华的人却往往最终并未成功，或者只是小有成就，甚至把才华用错了地方，导致了负面的结果。二者的区别就在于前者具有超乎常人的积极心态，并能将这种心态传染给自己身边的人，从而容易从人群中脱颖而出。而那些极富才华的人，不是"倚"才"恃"才，就是"荒"才"费"才，甚至滥用才华，根本原因就在于他们的心态不积极、不正确。

　　失败的人因为心态而失败，成功的人也因为心态而成功，因为积极的心态就是优势，就是竞争力。那些成功的人，他们或许没有渊博的知识，没有过人的才华，没有特殊的背景，没有雄厚的资本，但他们却有正确的心态，有积极进取、奋发图强、坚持到底的精神。

　　成功的80%来自于心态。积极乐观的心态能让你在挫折面前不低头，在失败面前不气馁，在冷遇面前不灰心。只有始终保持良好心态的人，才能获得优秀的业绩，才能拥有与众不同的成就。

10　改变自己从而改变命运

在一次火灾事故中，消防员从废墟里找出了一对孪生兄弟——波恩和嘉琳，他们是此次火灾中仅生存下来的两个人。

兄弟俩很快被送往当地的一家医院，虽然两人死里逃生，但大火已把他俩烧得面目全非。

"多么帅的两个小伙子！"医生为兄弟俩惋惜。

波恩整天唉声叹气：自己变成了这个样子，以后还怎么出去见人，还怎么养活自己？他对生活失去了信心，经常自暴自弃地说："与其赖活着，还不如死了算了。"

嘉琳努力地劝波恩："这次大火只有我们得救了，我们应该更加珍惜我们的生命，让我们生活得更有意义。"

兄弟俩出院后，波恩还是忍受不了别人的讥讽，偷偷地服了安眠药离开了人世。而嘉琳却艰难地生存了下来，无论遭到什么样的冷嘲热讽，他都咬紧牙关挺了过来，嘉琳一次次地暗自鼓励自己："我生命的价值比谁都高贵。"

有一天，嘉琳还是像往常一样送一车棉絮去加州。天上下着雨，路很滑，嘉琳开车开得很慢。此时，嘉琳发现不远处的一座桥上站着一个人。嘉琳紧急刹车，车滑进了路边的一条小沟。嘉琳还没有靠近年轻人的时候，年轻人已经跳下了河。年轻人被他救起后，又连续跳了3次，直到嘉琳自己差点被大水吞没。

嘉琳救的这位年轻人竟是亿万富翁，富翁很感激嘉琳，便和嘉琳一起干起了事业。

很快，嘉琳从一个积蓄不足10万元的司机，到一个拥有3.2亿元资产的运输公司的总裁。

几年后医术发达了,嘉琳用挣来的钱修整好了自己的面容。

人们在遭遇逆境时,总是抱怨自己的命运太差,其实一个人的命运不是由上天决定的,也不是由别人决定的,而是由自己决定的。一个人只要改变了自己——改变心态,改变环境,命运也会随之改变。

不要抱怨上天的不公,也不要抱怨命运的坎坷,很多有所成就的人,比如肌肉萎缩的霍金,比如失明的海伦·凯勒,比如身高先天不足的邓亚萍,他们之所以能取得卓越的成绩,并不是因为上天多么青睐他们,而是因为他们勇于改变自己。

改变自己并不是要你完全放弃自我,而是在坚持自我的同时,改掉那些错误和不足,改变心态进一步弘扬自己的优点和长处,才能实现自己的进步、完善、成长和成熟;只有随时自省、激励自己,努力扬长避短、发挥自己的潜能,才能在与人相对而坐时,具备一种强烈的吸引对方的魅力。

爱默生曾说:"要想获得成功,就要找到真正属于你的,而且别人也默许的位置和态度。"如果你认为自己是失败的,那就没有人能够帮助你;如果你认为自己会成功,那就没有人能阻挡你。你的命运掌握在你的手中,唯有你自己才是自己的主人,才是力量的源泉。

当你面临挫折和困境时,请记住:有些时候,迫切应该改变的,其实就是我们自己。

11　满怀热情向目标迈进

彭奈连锁店的创始人彭奈经常到分公司去视察业务。他检查下面的工作，不像其他老板那样查问账目，甚至连经营情况也不过问，而是在营业最忙的时间到店里去进行实地考察。

一次，他到爱达荷州一个分公司去视察。下午 4 点正是生意最忙的时候，他一到那里，没去找分公司经理，直接就到店里"逛"了起来。

他来到食品部，看到卖罐头的店员正同一位女顾客谈生意。顾客认为这里卖的罐头较贵，店员因说话不当而打消了顾客的购买兴致，她连已经挑好的罐头也不要了，掉头就走。

请留步，我这里有又好又便宜的青豆罐头。

"请这位女士留步，"彭奈赶上去说，"你不是要青豆罐头吗？我来给你介绍一种又便宜又好的产品"。

女顾客不好意思走开，便耐心地听起彭奈的介绍。店员虽然不认识彭奈，但看他的气度，既热情又那么在行，也就按他的要求，从货架上取下彭奈所介绍的罐头。

　　彭奈拿起青豆罐头说："这种牌子是新出的，它的容量多一点，味道也不错，很适合一般家庭用。刚才我们店员拿的那一种，色泽是好一点，但多半是餐馆用，他们不在乎价格高一点，反正羊毛出在羊身上，家庭用就不划算了。"

　　"是嘛，"女顾客看着罐头，插上话来，"家里用，色泽稍差一点倒也无所谓，只要不坏就行。"

　　"质量方面请您大可放心，您看，这上面有检验合格的标志。"

　　这笔生意顺利谈成了，女顾客高兴地走了。彭奈又很耐心地给员工讲起了卖货的技巧，告诉员工要根据顾客的需求来推荐货物，公司的每一种产品都是好的。

　　彭奈虽然读书不多，但他有非常可贵的热情的态度，很快就能赢得顾客的心。彭奈公司之所以能由一个零售店变成连锁店并遍布全美的大企业，靠的就是彭奈这种对客户、对工作非常热情的态度。

　　爱默生说："有史以来，没有任何一件伟大的事业不是因为热情而成功的。"事实上，这不是一段单纯而美丽的话语，而是迈向成功之路的指标。

　　热情是自信的来源，自信是行动的基础，行动是进步的保证。一个没有热情的人，学习和工作的效率不会高，也很难获得良好的成绩，更不可能有高质量的生活。一个没有热情的人，就不会有生机和活力，会变得死气沉沉、毫无斗志。热情与人生的关系，就好像是蒸汽和火车头的关系，它是行动的主要推动力。热情是改变命运、提高生活质量的最重要因素之一。

　　一个人成功的因素很多，而居于这些因素之首的就是热情。没有它，不论你有什么能力，都发挥不出来。无论对人还是对事，生活还是工作，一切顺利还是充满波折，热情都是成功者和渴望成功者所应具备的基本态度。如果拥有热情的态度，你的一切活动就可能顺风顺水；如果你的态度消极冷漠，即使不会处处碰壁，也会行进得非常艰难。

　　有句格言说，只有以初恋般的热情和宗教般的意志，人才能成就某种事业。

成功学家拿破仑·希尔在他的书中这样写道："要想获得这个世界上最伟大的奖赏，你必须拥有过去最伟大的开拓者将梦想转化为全部有价值的献身热情，以此来发展和展示自己的才能，用自己的热情去征服一切。"

热情并不是一个空洞的名词，它是一种重要而伟大的力量，你可以利用它来补充你身体的精力，并发展出一种坚强的个性。有些人很幸运地天生即拥有热情，其他人却必须通过努力才能获得。发展热情的过程十分简单：从事你最喜欢的工作。如果你目前无法从事你最喜欢的工作，那么，你也可以选择另一个十分有效的方法，那就是，把你最喜欢的这项工作，当作是你的明确的目标。

缺乏资金以及其他许多种你无法当即予以克服的环境因素，可能迫使你从事你所不喜欢的工作，但没有人能够阻止你在自己的脑海中决定你一生中明确的目标，也没有任何人能够阻止你将这个目标变成事实，更没有任何人能够阻止你把热情注入你的计划之中。

满腔热情，意味着你要把自己的每一个细胞都调动起来，以坚定的信念和积极的态度去迎接一切挑战。纵观所有成功人士，热情是其取得成功的最活跃的因素，世界上几乎所有的伟大成就都是人们用热情创造出来的——每一项改善人类生活的伟大发明，每一次重大的历史变革，每一部伟大的文学作品，每一幅精美的书画，每一尊震撼人心的雕塑……热情，使我们的决心更坚定，使我们的意志更坚强。它给思想以力量，促使我们立刻行动，直到把可能变成现实。很多团队中业绩最好、最受关注的往往不是学历最高、能力最强的人，而是态度端正、对工作满腔热情的人，他们是团队中最具活力的一分子。一个对工作、对自己的事业充满热情的人是最有发展前景的人。

有句话说得好，所有的自由、改革和政治上的成就，都是由那些富有热情的民族创造的。热情是多功能的、永恒的特效药，能使你更加专注，能帮你战胜挫折、克服困难、走出逆境，能使你获得良好的人际关系，能帮你消除抑郁、改善情绪……最根本的是,热情能使你的态度从消极转为积极,使你的积极态度进一步强化、完善。

正是热情,给懦弱者以新的勇气,给心灰意冷者以新的希望,给那些坚强勇毅之人以更强大的力量!

12　做了,才有成功的可能

在很久以前,有两个朋友,相伴一起去遥远的地方寻找人生的幸福和快乐。一路上,两个人风餐露宿,吃了很多苦。在即将达到目标的时候,遇到了一条风急浪高的大河,河的彼岸就是幸福和快乐的天堂。关于如何渡过这条河,两个人产生了不同的意见:一个建议采伐附近的树木造成一条木船渡过河去;另一个则认为无论哪种办法都不可能渡过这条河,与其自寻烦恼和死路,不如等这条河流干了,再轻轻松松地走过去。

于是,建议造船的人每天砍伐树木,辛苦而积极地制造木船,并且学会了游泳;而另一个人则每天睡觉,然后到河边观察河水流干了没有。终于有一天,船造好了。在他准备过河的时候,另一个人还在讥笑他的愚蠢。

不过,造船的那个人并不生气,临走前只对朋友说了一句话:"去做一件事,不见得一定能成功,但不去做则一定没有成功的机会!"

这条大河终究没有干枯,而那位造船的朋友经过一番风浪最终到达了河的彼岸。这两个人后来在这条河的两个岸边定居了下来,也都各自衍生了许多子孙后代。河的一边叫幸福和快乐的沃土,生活着一群我们称为勤奋和勇敢的人;河的另一边叫失败和失落的原地,生活着一群我们称之为懒惰和懦弱的人。

一个人是否行动,如何行动,都取决于他的态度。行动才能产生结果,不行动,连失败的可能都没有,更别说获得成功。任何远大的理想、伟

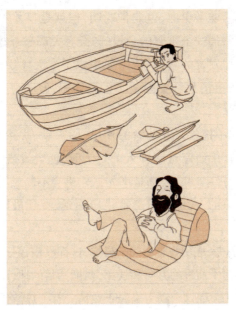

大的目标、宝贵的机会、优越的条件，最终都必须要靠行动来实现和利用，否则所有的一切都是空谈。

俄国著名的剧作家克雷洛夫有一句名言："现实是此岸，理想是彼岸，中间隔着湍急的河流，而行动则是架在河上的惟一桥梁。"

等待就是拖延，拖延就是浪费生命，就是在毁灭自己。无论做什么事，都要有一种紧迫感。万事行动果断，方可争得先机、拔得头筹。任何希望，任何计划最终必须要落到行动上。只有行动才能缩短自己与目标之间的距离，只有行动才能把理想变为现实。

无论是英雄豪杰，还是商界大亨，抑或是将军统帅，人们在生活、事业、感情等方面，都会面临着方向性的选择，而这个选择会决定个人的前途和命运。此时，我们应大胆去做，哪怕结局并非如我们所愿，即使是失利、失手、失败，也要在所不惜、绝不后悔。要知道，"做"就有成功的机会，如果"不做"，肯定没有成功的可能。

如果你想改变现状、有所成就，就不要当言语的巨人、行动的矮子，说一丈不如行一寸。

有一个希腊人非常勇敢，也非常聪明，但就是口才不好，不善于语言表达。有一次他参加一个重要的会议，与会者大都夸夸其谈，作了非常精彩的演讲。轮到他发言的时候，他站起来憋了半天才说出一句话："我不太会说，大家说的事情我都要去做。"话虽简短，但动力十足，他赢得了最热烈的掌声。

果断出击、决不拖延是成功者的作风，而被动、犹豫不决则是平庸之辈的共性。当你仔细研究这两种人的行为时，便会发现其中隐藏着这样一个成功秘诀：积极主动的人都是率先抓住机会不断做事的人，而被动的人都是不喜欢做事的人，他们只会找借口拖延、直到最后失去机会，剩下懊悔。

成功开始于思考，成功要有明确的目标，这都没错，但这只相当于给你的赛车加满了油，弄清了前进的方向和线路，要抵达目的地，还得把车子开动起来，保持足够的动力。而这个动力来源于热情。有了热情你才会将自己的想法付诸行动，有了热情你才能将自己的行动坚持下去，才能够克服在行动过程中所遇到的困难和问题。任何一个成功者，都是富有热情的人，都是因为对自己理想的强烈热爱和追求才创造出了巨大的成就。

态度决定行动，行动强化态度。行动就是要逢山开路、遇水搭桥，就是不畏艰难、始终坚持。事实上，当你真正开始行动，完全融入其中的时候，你更关注的是行动本身，而不是困难和问题，因为，行动会战胜一切！

无论做什么事，行动尤为重要。如果说敢想就成功了一半，那么另一半就是去做。大胆地去做，持续不断地去做，是你战胜挫折的惟一途径。这样，你才能到达理想的彼岸，才能登上成功的列车。

人的一生有太多等待，在等待中，我们错失了许多的机会，在等待中，我们白白浪费了宝贵的光阴；在等待中，我们由一个英姿勃发的青年，变成碌碌无为的老人，我们还在等待什么？现在要做的事马上动手，成功属于立即行动的人。

第二章

02 | 有什么样的行动，就会有什么样的结果

远大的理想、走向成功的目标并不能决定你一定会成功。关键在于你要付诸行动，有什么样的行动，就会有什么样的结果。成功的路千万条，跟别人一起进步，一起成长，是成功的捷径之一。

01　在竞争中合作，在合作中竞争

有一个国家每年都要举办南瓜品种大赛。有一个农夫的成绩相当优异，经常是首奖及优等奖的得主。然而，奇怪的是在他得奖之后，反而在街坊邻居之间分送得奖的种子，毫不吝惜。

有一位邻居就很惊讶地问他："你的奖项得来不易，每年都看你投入大量的时间和精力来做品种改良，为什么还这么慷慨地将种子送给我们呢？难道你不怕我们的南瓜品种因此而超越你的吗？"

这位农夫回答："我将种子分送给大家，帮助大家，其实也就是帮助自己！"

原来，在农夫的家乡，家家户户的田地都毗邻相连。如果农夫将得奖的种子分送给邻居，邻居们就能改良他们的南瓜品种，也可以避免蜜蜂在传递花粉的过程中，将邻近的较差的品种的花粉污染了自己的品种。这样，农夫才能够专心致力于品种的改良。相反的，若农夫将得奖的种子私藏，就必须在防范外来花粉方面大费周折甚至疲于奔命。

如果一个人只讲竞争，不讲合作的话，就会陷入孤军奋战的困窘之境。只有在竞争中合作，在合作中竞争，才能充分发挥自己的潜能，创造出优异的成绩。

将优秀的种子送给大家，就可以避免自己的南瓜受到劣质品种的影响，实际上是在帮助自己。

可是，很多人想不通这个道理，他们对那些与自己争夺获奖或晋升机会的同事或团队心存怨恨，在工作中与之势不两立。由于信息不通、沟通不畅，两个人都把大量的时间花在了证明那些已被对方证明了的结论，设计那些已被对方设计出的方案，最终谁都很难获得成功。

对于企业也是如此，任何一个企业，不论是参与国内竞争，还是参与国际市场竞争，光靠单枪匹马是不行的，都需要寻找伙伴谋求合作。从竞争中寻求合作，合作起来参与竞争，这已经成为当代市场竞争的一大特色。

不可否认，我们每个人每时每刻都处于激烈的竞争之中；我们也必须承认，竞争意识有利于我们发挥自己或整个团队的潜能，提高工作效率。但如果我们只讲竞争，不讲合作的话，我们就成了一支孤军奋战的队伍。或许我们本身有很好的技能，但最终在强大的敌人面前也不可能创造奇迹。

所以，积极地和你的对手——不管他是一个人、一个团队、一个组织，还是一个企业——形成合力，分享彼此的经验和成果，共同抵御风险，在合作中竞争，这样才能创造奇迹。

02　双赢使你成就卓越

一位穷苦的苏格兰农夫在田里干活时，听到附近泥沼里有人发出哭声。赶快跑去，发现一个小孩儿掉了进去，他赶紧跳进泥沼中把这个孩子救了出来。

第二天,一辆崭新的马车停在农夫家门前,一位优雅的绅士走了出来,自我介绍说是那个被救小孩的父亲。绅士说:"我要报答你,你救了我孩子的性命。"农夫说:"我不能因救你的小孩而接受报酬。"就在这时,农夫的儿子从茅屋中跑出,绅士拦住他说:"我们来个协议,让我带走他,并让他接受良好的教育,我一定可以把他培养成一个令你骄傲的人。"

农夫答应了。后来农夫的儿子从一所著名的医学院毕业,并且因发明了一种对当时的不治之症——肺炎有很好的治疗效果的药品而荣获了诺贝尔奖。

数年后,绅士的儿子染上了肺炎,但因为农夫的儿子已研制出治疗这一疾病的药品,最终他又得救了。

你死我活的斗争只会导致两败俱伤。真正使你成就卓越的是以双赢为主导的思想。不要漠视别人的困境,不要吝惜自己的付出。只有穿越狭隘的个人利益,才能实现自利与利人的互动和统一。

双赢是现代经营者理性的明智选择,现代社会竞争日益激烈,人们已经意识到"你死我活"独占欲望的结果是一无所有,得到的只是比以前更糟的境遇。而双赢则可以改变这种境况:使双方从对抗到合作,从无序到有序,从短暂的存在到永久的矗立,这些都显示出双赢代表着一种奋进的精神,一种公正的理念和一种精明的睿智。

双赢理念的目的是为了在人与人以及人与自然的关联中赢得更好的结果,它不是逃避现实,也不是拒绝竞争,而是以理智的态度求得共同的利益。因此,对人而言,双赢的态度是积极的,它的精神是奋进的,并以积极追求的心态达到预想的目的。一些人认为:双赢的背后就是认输,是不求其上、只求其次的庸人表现。眼光长远的人则认为,双赢是基于对自身的环境的科学分析而做出的明智选择,是积极的判断和果敢的行为。

双赢作为一种理念,它体现了一种公正的价值判断,这种公正性不仅表现在对别人利益的尊重上,也表现在对自身利益的取舍上。现代社会,虽然也提倡竞争,鼓励竞争,但竞争的目的是为了相互促进,相互推动,共同发展,共同提高。只有利益共享才能形成良好的合作,才能取得别人的帮助,使自己成功。这种利益共享的合作双赢理念正是公正精神的体现,它符合社会发展的规律。

双赢不仅是一种现代理念,同时它也是现代智慧的结晶。没有对自身条件的分析,没有对周围环境以及未来发展趋势的分析,则不能形成双赢理念;有了这种理念,如果没有科学的方法、明智的行为、超常的胆识,也不能产生双赢的结果。

市场竞争是激烈的,同行业的公司之间的竞争更为激烈。竞争对手在市场上是相通的,不应有冤家路窄之感,而应友善相处,豁然大度。

但有些商人总是喜欢相互拆台,根源正是这些人的抢占思想。他们的一个突出表现,就是必欲置对手于死地而后快。为了达到这个目的,不惜一切代价,从而形成恶性竞争,导致的结果是大家都没有好日子过。

喜欢拆台的商人会认为你多我少,你死我活,因此就以杀伤对方来满足自己。但是,过度竞争的结果就是大家都无法获得持续增长。从这个层面上讲,这些人的不合作思想,使之难以成为真正的富人。

仔细观察一下市场,你会发现,有肯德基的地方,基本都有麦当劳。他们虽是竞争关系,但是,肯德基却没有发动什么"战役"把麦当劳给消灭了,相反,他们在互相竞争中促进彼此的进步,共同培育了市场。可口可乐和百事可乐也是如此。他们之间同样存在竞争,却从来不搞恶性竞争,甚至连促销活动往往都有意错开。这就是双赢的最好证明。

所以,在商业发展中,为了短期胜利,建立共同利益;为了长远成功,建立良好关系,也就是要拥有双赢思维。只有这样,我们才能做得更好,让自己的商业活动向更高层次发展。

03　学学蚂蚁的团队精神

一头狮子和一只狐狸合作,狐狸负责寻找猎物,狮子负责捕杀猎物。

得到的食物两人分享,这样它们就都饿不着了。

但过了不久,狐狸心里就不平衡起来:"如果我不去寻找猎物,我们怎么能得到食物呢?狮子有什么本事要分享那么多。"于是,它离开了狮子。第二天,狐狸去羊圈抓羊时,被猎人抓住了。

在现代社会中,单靠个人的力量不可能高效率地完成所有工作,任何人要想获得成功就必须具有团队意识。只有团队获得成功,个人才有获得成功的机会。

有一位英国科学家把一盘点燃的蚊香放进了蚁巢里。

开始,巢中的蚂蚁惊恐不已,过了十几分钟后,便有许多蚂蚁纷纷向火中冲去,对着点燃的蚊香,喷射出自己的蚁酸。虽然一只蚂蚁能射出的蚁酸量十分有限,而导致蚁群中的一些"勇士"葬身火海。但是,它们前仆后继,过了几分钟后,便将蚊香扑灭了。活下来的蚂蚁将战友们的身体移送到附近的一块"墓地",盖好了薄土,安葬了。

又过了一段时间,这位科学家又将一支点燃了的蜡烛放到了那个蚁巢里仔细观察。虽然这一次的"火灾"更大,但是这群蚂蚁已经有了上一次的经验,它们用很快的时间,便协同在一起,有条不紊地作战,不到一分钟,烛火便被扑灭了,而蚂蚁无一殉难,这真是个奇迹。

从蚂蚁扑火的现象中我们不难发现,个体的力量是很有限的,而团队的力量可以实现个体难以达成的目标。

所以说,作为公司里的一员,我们要从团队的角度出发,树立起对团队工作认真负责的信念。每一个公司都类似于一个大家庭,每一位成员都是家庭中的一分子,只有每一个人都具备了团体工作的精神,才能对团队的工作认真负责,对自己的人生和事业负责。

例如,在一个上千人的汽车装配流水线上,只要其中有一组人的工作出现了问题,汽车便无法出厂,因为谁也不会购买有缺陷的汽车。再比如,在登山的过程中,一般登山运动员之间都以绳索相连,假如其中一个人失足了,其他运动员就上前全力抢救。否则,这个团队便无法继续前行。一旦大家绞尽脑汁,用尽所有的力气,仍旧都无济于事的时候,就必须割断绳索，让那个队员坠入深谷，只有这样，才能保住团队其他队员的性命。让人震惊的是，割断绳索的却是那名失足的队员，这就是团队的精神。因此，可以肯定地说，一个人的成功是建立在团队成功的基础上的。正如通用电话电子公司董事长查尔斯·李所说："最好的 CEO 是通过构建他们的团队来达成梦想，即便是迈克尔·乔丹也需要队友配合打比赛。"

在工作中，我们要善于与每个团体成员进行有效的沟通，并保持密切的合作。同时，要破除个人英雄主义，搞好团队的整体搭配，形成协调一致的团队默契，并努力让团队成员懂得彼此之间相互了解，取长补短的重要性。这样，才能够保证团队工作的精神不被破坏，也不会对自己的职业生涯造成致命的伤害。

亨利是一家营销公司的一名优秀的营销员。他所在的部门，曾经因为团队工作精神十分出众，而使每一个人的业务成绩都特别突出。

但是，这种和谐而又融洽的合作氛围被亨利破坏了。

前一段时间，公司的高层把一项重要的项目安排给亨利所在的部门，亨利的主管反复斟酌考虑，犹豫不决，始终没有拿出一个可行的工作方案。而亨利则认为自己对这个项目有十分周详而又容易操作的方案。为了表现自己，亨利没有与主管磋商，更没有向他说明自己的方案，而是越过他，直接向总经理表示自己愿意承担这项任务，并提出了可行性方案。

亨利的这种做法，严重地伤害了主管的感情，破坏了团队精神。结果，当总经理安排他与主管共同操作这个项目时，两个人在工作上不能达成一致意见，产生重大分歧，导致了团队内部出现了分裂，团队精神涣散，这个项目最终在他们手中流产了。

所以说，一个人只有从团队的角度考虑问题，才能获得团队与个人的双赢结果。

当今社会不断进步，社会分工也越来越细，使得每一次工作单靠个人的力量与智慧已经无法完成，它需要团队通过每一个人的相互协作，利用团队的力量去共同完成。所以，每一个为团队工作的成员必须记住：唯有为一个健全的团队工作,才能创造出卓越非凡的成就。团队永远比个人有力量。

04　交友要谨慎

有一个人在市集上看中一头驴,但不知这头驴的品性,卖主就答应让他先牵回去试用两天。

这人把驴牵到自家牲口棚,和已有的三头驴系在一起。这三头驴,一头勤快,一头懒惰,一头善于讨好。

新牵回来的驴,不和别的驴站在一起,只走到那头好吃懒做的驴子旁边。买驴人见状,二话没说,马上又牵着这头驴回到市场上。

"你这么快就试好了?"卖驴的人问道。"不必再试了,"买驴的人回答说,"现在我知道它是什么样的驴了。"

俗话说:"近朱者赤,近墨者黑","近贤则聪,近愚则聩"。这是告诫我们择友要慎重,因为朋友对自己的思想、品德、情操、学识都会有很大的影响。友有"益友"、"损友"之不同。交益友,在品德上可以相互砥砺,在工作上能够相互促进,生活上可以相互照顾,有了困难相互帮助,有了缺点能够互相规劝、批评,在学识上能够互相取长补短,这对一个人的成长进步无疑大有好处;反之,交了损友,当面说好话,背后却耍手腕、使绊子,甚至攻击迫害,那自然是有害无益、有损无补了。

所以,不管是在私下里,还是在工作中,与人结交都要有所选择。只有交对了朋友,成功才更容易实现一些。有的人犯错误,栽跟头,除了主观上的原因,从客观上说,与交上了"损友"有很大关系。古希腊哲学家德谟克利特指出:"只有那些有共同利害关系的才是朋友。"

西班牙作家塞万提斯说:"重要的不在于是谁生的,而在于你跟谁交朋友。"也就是在强调择友的重要性。虽然在工作环境中,由于种种利益的牵扯，结交到益友是不容易的，但也不能滥交。与那些惯于弄虚作假、狡猾欺诈、不学无术、溜须拍马的人为伍，你的良好品质就有可能被腐蚀和同化。即使你有能力出污泥而不染，也不能强迫别人改变"物以类聚，人以群分"的识人之道。当你被归到"好吃懒做的员工"的行列当中时，要想获得成功的机会可能就比登天还难了。

　　同样的，经营企业也要谨慎选择合作对象，尽量与那些口碑好、形象好、信誉好的企业打交道。这样不但利于合作，而且还能在无形中提升自己企业的形象，更有利于取得成功。

05　别把竞争演化成恶性攻击

　　熊总督命令猫头鹰和蛇一起去捕鼠，哪个捕的多就奖励哪个。猫头鹰和蛇领命而去，开始了捕鼠行动。

　　一天，鹿在森林里看到蛇正在爬一棵大树，旁边一只老鼠跑过去，蛇看到了也不去捉。

　　鹿感到有些奇怪，于是问蛇："熊总督不是让你捕鼠吗？你怎么见鼠不捉呢？这树上没鼠，你爬上去干什么呢？"

"嘘——小声点，"蛇吐着红红的信子说，"你没见猫头鹰在树顶上蹲着吗？我得爬上去咬死它。"

鹿十分吃惊："咬死它？熊总督不是命令你和它一起捕鼠吗？"

"哼！咬死它我捕老鼠才更容易，才能捕得更多，那样得到的奖励也就更多。"

多愚蠢的一条蛇！它把注意力完全放在了自己的伙伴——但它却视其为敌人的猫头鹰身上，而对最应该注意的老鼠却视而不见，即使它咬死了猫头鹰，也不见得它就能捕捉到更多的老鼠。

尽管我们所处的是一个竞争的社会，但也要注意不要让竞争恶化成互相攻击——这对所有的人都没有好处。在任何时候都要记住，正当的竞争对所有人都有。

正当的竞争是什么呢？正当的竞争就是注重事情本身的竞争，而不是攻击别人、拆台或设置障碍等以人为中心的竞争。只有更加关注你所应做的工作，关注目标本身，你才能真正提高自己。而恶性竞争是指公司运用远低于行业平均价格甚至低于成本价格提供产品或服务，或使用非商业不正当手段来获取市场份额的竞争方式，这样做的后果只能带来混乱和衰败。

下面的竞争都是不正当的，这样做的最终结果只能是害人害己。

1. 盲目削价

这是几乎所有的厂商及销售商经常使用的恶性竞争手段之一。如果是成本降低的低定价、季节性削价等，这是正常的。但是有些人视正常利润于不顾，一味地削价，取得市场支配权。这种"竞争"害人害己：一方面的削价，可能引发大家竞相削价，坑害别人；如果价格降到连正常利润、甚至些微利润都不能保证，就连自己也害了。这就违背了经营最基本的原则——盈利。松下幸之助曾指出："即使竞争再激烈，也不可做出那种疯狂打折、放弃合理利润的经营。它只能使企业陷入混乱，而不能促进发展。倘若经营者都这么做，产业界必然展开一场你死我活的混战，反而会阻碍生产的发展、社会的繁荣。"

2. 损害别人信誉

有些经营者求胜心切，便不择手段地诬蔑、诋毁同行，以此来打开自己的发展之路。这是非常卑劣的手段。然而，真正的强者，对于对方的诽谤，总是笑脸相迎。因为，诽谤者的命运与恶性削价者相比，更不堪一击，而且往往是跌倒了就无法再爬起来。

3. 资本横暴

这是一些实力雄厚的大公司惯用的方法。他们依仗自己雄厚的资本，有意做出亏本的倾销或服务，以此来压倒那些中小企业，然后雄霸一方。其实，这种做法是资本主义初期的产物，拿到今天来用，就有些错得离谱了。

有些人认为，在商场上，不同行业可以各行其道，各得其所，如果是同一行业，则难以避免一场你死我活的竞争。特别是在同一地区、同一城市，尤其是在同一条商业街道，这种竞争则是赤裸裸的。于是在市场上有"同行是冤家"之说。

这是事实，但绝不是事实的全部。松下幸之助认为，你多我更多，你好我更好，才称得上经营有方。于是同行在他的眼里是"同仁"，从未有过"嫉妒"二字。

同行是竞争对手，但绝不是冤家、死对头。要使你的生意兴旺发达，就必须学会在与同行的竞争中，求生存和发展，把同行竞争的压力视作自己奋进的动力。尤其是当同行之间势均力敌，相互较量难分伯仲时，如果采取相互中伤、竞相杀价的恶性竞争，则大都会两败俱伤。

体育竞赛具有一定的规则，如果没有一定的规则，一场足球赛是无法进行下去的，必然会导致一片混乱。同样，市场竞争也必须具有一定的规则，如果没有一定的规则来约束，市场秩序也一样会引发混乱。

在市场竞争中，竞争者为了求得一片生存的空间，竭尽全力与对手竞争是正常的现象。但是，在竞争中切不可用鱼目混珠、造谣中伤、暗箭伤人等不正当手段损害对手利益，要想在竞争中占优势，就应该踏踏实实地提高产品的质量,改善售后服务,努力树立企业的良好形象,这样可以有效避免卷入恶性冲突,也才能使你的经营长盛不衰。

06 让对手成为你前进的动力

在非洲大草原的奥兰治河两岸生活着许多羚羊。动物学家发现,东岸的羚羊繁殖能力比西岸的强,奔跑的速度也比西岸的快。对这些差别,动物学家百思不解,因为这些羚羊的生存环境是相同的。于是,动物学家在东西两岸各捉了 10 只羚羊,然后分别把它们送到对岸。

一年后,送到西岸的 10 只繁殖到了 14 只,而送到东岸的 10 只仅剩下 3 只,那 7 只全被狼吃掉了。后来才发现东岸的羚羊之所以强健,是因为它们的附近生活着狼群;西岸羚羊之所以弱小,正是因为它们缺少这么一群天敌。

没有天敌的动物往往最易灭绝,而有天敌的动物则会在优胜劣汰中逐渐强大。大自然的这一规律在人类社会中同样存在。

马拉松运动员都知道,要想创造最好的成绩必须有"敌人"帮助。如果一个人遥遥领先,那么打破纪录是不可能的。而如果有两个人竞争冠军,在轮番领跑中,每个人的潜力才会被最大限度地挖掘出来,才有可能创造出新的纪录。

在商业竞争中也是如此。如果市场被一个企业所垄断,那么这个企业以及市场的发展都是非常缓慢的。而如果有几家企业互相竞争,在各家企业的"斗法"中,市场才会快速发展,每个企业所获得的利润才会快速增加,企业的整体素质才会大幅提高。

我们每个人的一生中会遇到各种各样的对手,这对你来说,并不是一件坏事。的确,对手可能对你造成一定的威胁,但他更可能成为你前进的动力。所以,当你发现新来的同事转移了越来越多的本该投向你的注意力时，不要憎恨，把他当成你奋斗的动力；当你发现某个团队威胁到你的团队的荣誉时，不要害怕，只要齐心协力，就可在战胜它的同时使自己的团队上一个新台阶；当你发现行业内的竞争对手在逐渐强大时，不要紧张，它们的崛起更有利于你的企业上一个新台阶。

我们要懂得感谢那些强有力的对手，是他们给了我们前进的动力。正是由于他们的存在，才会促使你不退缩、不松懈，时刻怀着无穷的动力去不断创新、不断进取，最终实现自己的鸿鹄之志。在当今的竞争时代，理解"对手"的意义或许比什么都重要。

所以说，对手不再是简单的敌人，更是你学习的标杆和努力的方向，取长补短，超越自己，这本身就是一种进步。历史上的孙膑正是因为有了庞涓的嫉贤妒能，才愈发地坚定了自己的宏伟志向，最终成为著名的军事家；林肯正因为有了蔡司的有力竞争，才倍加努力，直至在美国总统大选中功名入库。由此可见，如果真能遇上一个强有力的对手，将是多么大的幸事！

一个人的成功过程，首先应该是一个征服的过程。征服了自己，征服了对手，征服了困难，才会成功。世界不会按你的意愿而改变，但它会因你的努力而改变。

拥抱对手，自己会拥有更广阔的天地！但是永远不要轻视自己的对手，你的对手就在那里，你要超过他，就要比他付出更多的心血和努力。

在人生的旅途中，我们需要寻找真正的对手，一个和我们势均力敌、能促进我们前进的人。平静的海面磨炼不出真正的舵手，只有到惊涛骇浪中去搏击，到险滩暗礁中去探索，才能成长为一个力挽狂澜的舵手。这些惊涛骇浪、险滩暗礁就是我们的对手。我们呼唤这样的对手，也珍惜这样的对手。

当你发现自己面前的道路变得艰难和坎坷，自己的光辉被强大的对手所掩盖时，不要急于排斥对手，要学习对手、善待对手、感谢对手，正是他们的存在，才推动了你的前进；正是他们的存在，才催化了你的成功。

07　给目标制定一个计划

有人曾做过这样一个实验。

　　在一只铁盆中放一只青蛙,盆的深度略大于青蛙跳起的高度,这样青蛙就跑不出来了。然后把青蛙拿出来,给盆加热,当温度相当高时,把青蛙放进去,结果青蛙一下子就跳出来了。如果换一个方式,先把青蛙放人铁盆再慢慢加热,青蛙就会被烫死。

　　这个实验表明,青蛙在面临突然的变故时,能调动身体所蕴含的潜能,一下子就从盆中跳出来,脱离危险。

　　在现实生活中,多数人都能做到在明显有危险的地方止步,但是能够清楚地认识潜在的危机,并及时跨越"生命的高度",就没有那么容易了。明智的成功人士在制定一项计划和决策的时候,总是会做这样一件事——制定一个计划，不实现目标决不罢休。

计划是实现目标的重要手段。所谓"一等人计划明天的事，二等人处理现在的事，三等人解决昨天的事"。这种说法虽然未必正确，但养成事先制定计划的习惯，确实是所有成功人士的共同特点之一。在企业界有句名言"在计划上多花一分钟，在执行上可以节省十分钟"。没有另一种方法比做事前做好时间分配计划更能有效运用时间。研究证明了：在做一件事之前，花愈多的时间做好计划，便能愈快达成任务。

美国作家艾伦拉肯说："计划就是把未来拉到现在，所以你可以在现在做一些事来准备未来。"当你决定人生的目标，知道自己将来要什么之后，接下来必须回到现实来，而计划就是连接现在与未来、现状与目标之间的桥梁，有了计划才知道要花多久的时间来完成目标，因此想要成功的人，必须养成事先计划的习惯。

有一句名言：成功的关键在于预算你的时间和资源。许多成功人士能够成功的重要原因就是充分地利用了有限的时间，而且经常把工作外的时间也利用了起来。人生就是利用个人的时间和资源来谋求成功的。

规定一个日期，一定要在这个日期之前把你的计划完成。没有时间表，你的船永远不会达到胜利的彼岸。也就是说不要拖延。你已经知道，你自己的木材要由你自己来砍，你自己的水要由你自己来挑，你生命中的明确的目标要由你自己来实现，为什么不尽快实行你早已明白的道理呢？

拟定一个实现目标的可行计划，马上行动——你要习惯"行动"，不能够再耽误于"空想"，要"现在就做"。

现代社会，计划决定命运。有什么样的计划就有什么样的人生。我们的时间是有限的，极早规划你的人生，你就能早日获得成功。要想得到自己想要的东西，要想改变自己的人生，就要先从改变自己开始，做好自己的职业生涯规划。有计划的生活即使紧张，却井然有序；有计划的工作即使繁忙，但也会变得充实而有效率；有计划的人生即使艰辛，但也能处之泰然。计划能让人思维清晰，创造出事半功倍的效果。

索柯尼石油公司的人事经理保罗·波恩顿，在其工作的 20 年内，曾经面试过 8 万多名应聘者,并且出版过一本书——《获得好工作的 6 种方法》。有人问过他这样一个问题:"你觉得现在的年轻人在求职的时候,什么最重要?"

"知道自己想要什么,"他回答,"这也许会让人觉得很意外,但是事实的确如此,很多年轻人花在影响自己未来命运的工作选择上的精力,甚至还没有花在研究去哪儿吃中餐的时间多,这是一件非常奇怪然而又非常悲哀的事情,要知道,未来的幸福和生存完全依赖于这份工作。"

没有人可以不劳而获,也不可能一夜成功。订立明确的目标,把明确目标记录下来,可使你更清楚地了解你所希望的是什么。拿破仑·希尔说,不要低估目标的力量。当你养成制定、实现目标的习惯之后,你就判若两人。从前成就平平,现在却能取得连自己也想不到的成绩。明确自己要达到的具体目标后,要制定实现目标的计划。

一旦你写出计划之后,大声朗诵你写下的计划的内容,每天至少一次,当你朗诵时,你必须看到、感觉到和深信你已经拥有了成功。

盲目蛮干只能使你筋疲力尽,无所作为。一个人的时间、金钱和精力都是有限的,如果不能充分地利用,那将是一个巨大的损失。因此,能不能最终实现目标并获得成功,一个很重要的因素就是看你有没有科学的计划和方案。科学的计划和方案就像是火车的轨道:有了轨道,火车才能够轻而易举地前进;没有轨道,火车将会寸步难行。

详尽的计划就像是人的大脑,是指挥部。德国伟大的思想家歌德说过:"匆忙出门,慌忙上马,只能一事无成。"就是强调在做事情之前一定要有计划,不能鲁莽行事。高尔基说过:"不知道明天干什么的人是不幸的。"所以,你不仅要树立远大的理想,还要制定科学的计划和方案,然后专心致志地去实现它。

在实现目标的过程中,空洞的计划、敷衍的计划、繁琐的计划、没有方法的计划、不切实际的计划,这些计划都是不可取的。所制定的计划要具体、详尽、充分。对于自己的计划一定要督促自己按时完成目标 + 计划 + 行动 = 成功,做到这些,你会发现你离成功已经越来越近了。

08 人生没有"极限"

一位旅人在经过一片树林时，看到一位老人拿着竹竿捕蝉，而且一粘就是一个，就像在地上捡拾东西一样容易。

旅人就问："您这么灵巧，一定有什么妙招吧？"

老人说："我的这个捕蝉技术已经练了5个月了，当我练到了在竹竿顶上放2个弹丸掉不下来时，我去捕蝉却发现蝉还有可能会逃脱。于是我就回家接着练，后来可以放3个弹丸了，我发现蝉逃脱的机会还有1/10。我并没有满足而继续练，练到可以放5个弹丸而掉不下来时，捕蝉就如拾取地上的东西一样容易了。"

我们总是认为我们的表现或企业的发展已经达到极限了，其实我们只是刚刚练到"放2个弹丸而掉不下来"的程度，还有很大的上升空间。

这位捕蝉的老人用实际行动告诉我们,做事情时不要刚刚看到一点成果就停止继续前进,更不要为自己懒于改进工作而寻找各种冠冕堂皇的借口。极限并不是轻而易举就可以达到的,不管是个人能力的极限还是企业发展的极限。

当你不再去想"极限"这个词时,你会发现在很多方面还有继续改进和提高的余地。

不论是个人还是企业都具有很深的潜力,而潜力的挖掘很多时候是需要通过系统的学习和培训来实现的,但可惜很多人在这方面做得并不好。人们经常在练到"可以放2个弹丸掉不下来"的时候,就停止了学习或培训的过程。实际上这仅仅只是一个开始,在经过一段时间的实践之后,还需要继续学习、培训,提高技巧。"放3个弹丸掉不下来",当然这也不是终点,仍旧还要继续改进。只有练到"放5个弹丸掉不下来",而且精力完全集中于所做的事情上,眼里看的和心里想的都是预先设定的目标时,才达到了最高工作境界。

在日本,一个贴商标的工作必须经过两年的培训才能上岗。这么简单的工作,为什么要这么做呢? 就是因为他们需要的是能够在最高境界下工作的人。试想,这样的人会做出怎样的绩效呢? 是你的5倍? 10倍? 20倍? 所以,别放松对自己以及组织成员的训练,只有所有组织成员都达到了最高的工作境界,才能取得惊人的成绩。

09 永远不要想着"还有明天"

曾有一段时间,因为下地狱的人锐减了,阎王便紧急召集群鬼,商讨如何诱人下地狱。

群鬼各抒己见。牛头提议说:"我告诉人类,丢弃良心吧! 根本就没有天堂!"阎王考虑了一会儿,摇摇头。

马面说："我告诉人类，为所欲为吧，根本就没有地狱！"阎王想了想，还是摇摇头。

过了一会儿，旁边一个小鬼说："我去对人类说，'还有明天！'"阎王终于点了头。

因为世上没有天堂，你可以丢弃良心；因为世上没有地狱，你可以为所欲为。但这些都不足以把一个人引向死亡。也许没有多少人会想到可以把一个人引向死亡的竟然是"还有明天"。

"还有明天"，简单的四个字却决定了许多人的成与败。今日事今日毕，这是我们每个人从小就深知的道理。但当工作与休闲发生冲突的时候，我们多数人会毫不犹豫地选择后者，因为"还有明天"。于是在无穷无尽的"明日复明日中，万事皆蹉跎"了。

生活中，有太多的人都具有拖延的坏习惯，他们总是不断地把本应今天完成的工作拖到明天。"还有明天"、"明天我会努力把它做完"成了他们的口头禅，可是当工作越积越多时，即使他们下决心把它们做完，也是心有余而力不足了。

在人世间，没有什么比拖延更害人的了，也没有什么比它更能懈怠一个人的精神。如果一个人在做事之前总是担心这个顾忌那个，寻找种种借口推迟行动，最后懊悔自己没有完成工作，那么永远都别想获得成功。

鲁迅先生说过："耽误他人的时间等于谋财害命。"由此可见，自我拖延时间则无异于慢性自杀。因为拖延时间的是你本人，受害的也必将是你本人。几乎人人都希望在工作和生活中消除因拖延而产生的各种损失，但是，不少人却没有将自己的愿望付诸行动，不知道所推迟的许多事情其实都是自己原本可以尽早完成的，因此，下一次他们依然会惯性地拖延下去。

有人将拖延时间的行为生动地比喻成"追赶昨天的艺术"，其实，后面应该再加上半句——"逃避今天的法宝"，这就是拖延时间的作用。有些事情可能是你想做的，然而，尽管你想做，却总是一拖再拖。拖延会慢慢地消耗人的创造力。任何目标、理想和计划，都会在拖延中落空。

总之,拖延是最具破坏性、最危险的恶习,它使人丧失了主动的进取心。如果你一方面坚持自己的生活方式,另一方面又说你将做出改变,你的这种声明没有任何意义。你不过是缺乏毅力的人,最后将一事无成。显而易见,惟一的解决良方就是立即行动!这才是你成就事业的利器和法宝。

著名诗人拜伦说:"把握住现在的瞬间,从现在开始做起。只有勇敢的人身上才会赋有天才、能力和魅力。因此,只要做下去就好,在做的历程当中,你的心态就会越来越成熟。能够有开始的话,那么,不久之后你的工作就可以顺利完成了。"科学巨匠富兰克林也曾说:"把握今日等于拥有两倍的明日。"可见,一个人如果想有所成就,就必须做到今日事今日毕,否则无法做成大事,也不可能成功。

文学大师鲁迅说:"时间犹如海绵里的水,只要你挤,总是有的。"要养成珍惜每一分钟的习惯,我们就可以做到每天比别人多挤出 1 小时来。这样日积月累,就一定能够达到我们想要达到的目标。

永远不要想着还有明天。在时间这一点上,上帝是公平的,给每个人的都是相同的。不管是刚刚出生的婴儿还是风烛残年的老人,可供支配的时间只有一天。所以,今日的理想,今日下了决断,今日就要去做,不要留到明天,因为明天自有新的理想产生。

把握不住今天,也肯定把握不住明天。不要把希望寄托于明天,只有珍惜今天,才能感觉到生活的真实。把握今天,把握现在,制定好每一步奋斗的计划,树立奋斗的目标,一步一个脚印地去做好每一件事情,坚持"今日事,今日毕"的原则,让自己的生活更加充实,也更加真实。

10　认清劣势,并将其转化为优势

一位神父要找三个小男孩,帮助自己完成主教分配的 1000 本《圣经》

销售任务。

神父觉得自己只能完成 300 本的销售量，于是他决定找几个能干的小男孩卖掉剩下的 700 本《圣经》。神父对于"能干"是这样定义的：口齿伶俐，小男孩必须言辞美妙，让人们欣喜地做出购买《圣经》的决定。

于是按照这样的标准，神父找到了两个小男孩，这两个男孩都认为自己可以轻松卖掉 300 本《圣经》。可即使这样还有 100 本没有着落，为了完成主教分配的任务，神父降低了标准，于是第三个小男孩找到了，给他的任务是尽量卖掉 100 本《圣经》，因为第三个男孩口吃很厉害。

5 天过去了，那两个小男孩回来了，并且告诉神父情况很糟糕，他们总共只卖了 200 本。神父觉得不可思议，为什么两个人只卖掉了 200 本《圣经》呢？正在发愁的时候，那个口吃的小男孩也回来了，他没有剩下一本《圣经》，而且带来了一个令神父激动不已的消息，他的一个顾客愿意买下所有剩下的《圣经》。这意味着神父已经完成主教分配的任务，神父将更受主教青睐。

神父彻底困惑了。被自己看好的两个小男孩让自己失望，而当初根本不当回事儿的小结巴却成了自己的福星，神父决定问问他。

神父问小男孩："你讲话都结结巴巴的，怎么会这么顺利就卖掉我所有的《圣经》呢？"

小男孩答道："我……跟……见到的……所有……人……说，如……果不……买，我就……念《圣经》给他们……听。"

可见，劣势有时候并不一定是件坏事，如果巧妙地应用，那么它很可能就变成了你的优势。

天生我才必有用。要正视自我，要相信自己总有能做得很好的事情。我们只有从自身条件不足和所处的不利环境的局限中解脱出来，才能发挥自己的优势，去做自己想做的事。把自己劣势转化为强势，对任何人都很重要。

在某种特定的情形下，劣势和优势是可以相互转化的。有的时候，人在某一方面的缺陷未必就永远是劣势，只要善加利用，或者扬长避短，劣

势也会转化成优势。而这种转化来的优势更有助于成功，就像故事中那个口吃的男孩一样。

金无足赤，人无完人。每个人都会有自己的劣势、缺点或者缺陷，有些人面对自己的缺陷，总是想办法遮掩，害怕别人嘲笑，这样做往往适得其反。正确的态度是坦然面对自己的缺陷，别过分地去关注它，敢于挑战自我，并根据自己的具体情况确立自己的目标，缺陷也就不会成为你的障碍，也不会妨碍你追求快乐圆满的人生。

作为独立的个体，你要相信，你有许多与众不同的甚至优于别人的地方。因此，有缺点的人不用自卑，因为你的缺点，很可能在一定的条件下就转换成了优点，这将会更加有利于你的成功。其实，人的本身并没有任何劣势，之所以存在不足，是人们还没有发现合理利用劣势的方法。

11　休息是为了精力更加充沛

弗德瑞克·泰勒在贝德汉钢铁公司担任科学管理工程师的时候，他曾仔细观察过，工人每人每天可以往货车上装大约 12 吨半的生铁，而且通常他们干到中午时就已经筋疲力尽了。他对所有产生疲劳的因素，做了一次科学研究，认为这些工人不应该每天只能装 12 吨半的生铁，而应该能装运 47 吨。照他的计算，他们应该可以做到目前成绩的 4 倍左右，而且不会疲劳，只是必须要加以证明。

于是，泰勒选了一位施密德先生，让他按照秒表的规定时间来工作。有一个人站在一边拿着一只秒表来指挥施密德："现在请拿起一块生铁，走……下面坐下休息……现在走……现在休息。"

结果怎样呢？别人每天最多只能装运 12 吨半的生铁，而施密德每天却能装运到 40 吨生铁。而当弗德瑞克·泰勒在贝德汉钢铁公司工作的那 3 年里，施密德的工作能力从来没有减低过，他之所以能够做到这样，是因为他在疲劳之前就有时间休息：每个小时他大约工作 26 分钟，休息 34 分钟。他休息的时间要比他工作时间多——可是他的工作成绩却差不多是其他人的 4 倍。

长时间不间断地工作，在时间利用上并不是有效率的。当一个人相同的工作做得太久时，精力会衰退、烦躁的心情会升高，而且肉体上的压力与紧张也会逐渐累积。无论是身体上的疲劳还是心理上的疲劳，都不是好兆头，这可能会引起下列各种毛病，如脾气暴躁、易怒、慢性疲劳、头疼、焦虑以及凡事漠不关心等。

要防止疲劳，保持旺盛的精力，最重要的是要经常休息。可是在我们的周围，经常有很多人说自己总是"很忙"、"没有时间娱乐"等。其实，在很多时候，不是他真的没时间，而是自己放不开。比尔·盖茨说过："一个懂得劳逸结合的人,才是快乐的人"。

你不要认为休息是浪费时间。因为休息之后,不但精神焕发,提高工作效率,而且会消除精神紧张,这对健康更是大有裨益。花时间在任何能够增进健康的事情上都是良好的时间管理。

积极休息是提高效率的关键。所谓"积极的休息"是因为这种休息有别于单纯的休息,是为了保持工作效率而作的休息。既然称为"积极的",这种休息就一定要在短时间内达到最大的效果。

古今中外,许多伟人、成功人士都懂得休息的重要性。爱因斯坦每天都要小睡一会儿。爱迪生与丘吉尔也是如此。美国总统中杜鲁门、艾森豪威尔、肯尼迪及约翰逊等人都发现休息对缓解工作压力有很大的帮助。

但并非每个人都有订出小睡时间计划表的自由。如果你有,或是假使你能延后午餐时间一个小时或早到办公室两小时,不妨试着在你已饱和的工作周期中加上一个午睡时间。

疲倦的感觉是生理自然反映出来的警告。提醒我们身体某部位超过负荷。如果置之不理,将增加身体的负担。所以,一旦出现警告信息,让负担过重的部位恢复正常,才是明智之举。

所以,我们应该学会休息。做到紧松、忙闲、劳逸、张弛相结合。健康的体魄和旺盛的精力,才是我们成就事业的基础和本钱。

第三章

03

良好的处世方法，减少成功路上的阻力

一个人不管有多聪明，有多能干，背景条件有多好，如果他不懂得做事的方法，那么他所做的一切很难顺风顺水。为人处世是一门艺术，更是一门学问，学会处世，你会得道多助，会获得成功的助力。

01　嫉妒之心要不得

　　佛经上有这样一则故事:在古远时代,摩伽陀国有一位国王饲养了一群象。象群中,有一头象长得很特殊,全身白皙,毛柔细光滑。后来,国王将这头象交给一位驯象师照顾。这位驯象师不只照顾它的生活起居,也很用心教它。这头白象十分聪明、善解人意,不久,他们之间就建立了良好的默契。

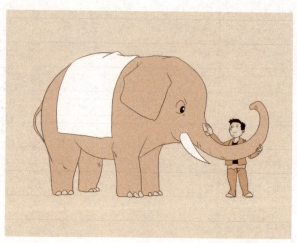

　　有一年,这个国家举行一个大庆典。国王打算骑白象去观礼,于是驯象师将白象清洗、装扮了一番,在它的背上披上一条白毯子后,才交给国王。

　　国王在一些官员的陪同下,骑着白象进城看庆典。由于这头白象实在太漂亮了,民众都围拢过来,一边赞叹、一边高喊着:"象王!象王!"这时,骑在象背上的国王觉得所有的光彩都被这头白象抢走了,心里十分生气、嫉妒。他很快地绕了一圈后,就十分不悦地返回王宫。一进王宫,他便问驯象师:"这头白象有没有什么特殊的技艺?"驯象师问国王:"不知道国王您指的是哪方面?"

国王说："它能不能在悬崖边展现它的技艺呢？"

驯象师说："应该可以。"

国王说："好。那明天就让它在波罗奈国和摩伽陀国相邻的悬崖上表演。"

第二天，驯象师把白象带到这处悬崖。国王就说："这头白象能以三只脚站立在悬崖边吗？"驯象师说："这简单。"他骑上象背，对白象说："来，用三只脚站立。"果然，白象立刻就抬起一只脚。

国王又说："它能两脚悬空，只用两脚站立吗？""可以。"驯象师就叫它抬起两脚，白象很听话地照做。国王接着又说："它能不能三脚悬空，只用一脚站立？"

驯象师一听，明白国王存心要置白象于死地，就对白象说："你这次要小心一点，抬起三只脚，用一只脚站立。"白象也很谨慎地照做。围观的民众看了，热烈地为白象鼓掌、喝彩。

国王看到这里，心里更加不平衡，就对驯象师说："它能把后脚也缩起，全身悬空吗？"

这时，驯象师悄悄地对白象说："国王存心要你的命，我们在这里会很危险。你就腾空飞到对面的悬崖吧？"不可思议的是这头白象竟然真的把后脚悬空飞起来，载着驯象师飞越悬崖，进入波罗奈国。

波罗奈国的人民看到白象飞来，全城都欢呼了起来。国王很高兴地问驯象师："你从哪儿来？为何会骑着白象来到我的国家？"驯象师便将经过一一告诉国王。国王听完之后，叹道："人为何要与一头象计较，为何要嫉妒它呢？"

嫉妒是人们为竞争一定的权益，对相应的幸运者或潜在的幸运者怀有的一种冷漠、贬低、排斥，甚至是敌视的心理状态。莎士比亚曾对嫉妒作了这样形象的比喻："嫉妒是绿眼妖魔，谁做了它的俘虏，谁就要受到愚弄。"西班牙作家塞万提斯也曾说："嫉妒者总是用望远镜观察一切，在望远镜中，小物体变大，矮个子变成巨人，疑点变成事实。"巴尔扎克说得好："嫉妒者的痛苦比任何人遭受的痛苦都大，他自己的不幸和别人的幸福都使他痛苦万分。"

在日常工作和社会交往中，嫉妒心理常发生在一些与自己旗鼓相当、能够形成竞争的人身上。通过与这样的人对比，其结果对自身产生两种压力，即正、负压力。能够积极、善意地回报对方，没有给对方构成身心威胁的，我们称其为正压力；而消极、恶意地嫉恨对方，并由此害了"红眼病"，给对方的身心构成了威胁的，则就产生了负压力。

可见，嫉妒就是通过这种对比而产生负压力的结果。正如斯宾诺莎所说："嫉妒是一种恨，此种恨使人对他人的才能和成就感到痛苦，对他人的不幸和灾难感到快乐。"嫉妒的人是可恨的，他们不能容忍别人的快乐与优秀，会用各种手段去破坏别人的幸福，挖空心思采用流言蜚语进行中伤。同时，嫉妒的人又是可悲的，他们自卑、阴暗，他们享受不到阳光的美好，体会不到人生的乐趣，永远生活在他们的黑暗世界里。

由于嫉恨他人而不讲条件、不择手段，一味地与别人进行攀比的消极心理，是一种增加人际隔阂，影响人际沟通，妨碍正常交往的病态心理。而这种病态心理对建立和谐的人际关系有很大的破坏作用。因此，我们应摒除嫉妒心理，坚决抵制这种消极心态的滋生和蔓延。

德国有一句谚语："好嫉妒的人会因为邻居的身体发福而越发憔悴。"嫉妒害人又害己。从自身来讲，嫉妒伤身，嫉妒使人把时光用在阻碍和限制别人身上，而不是潜心于自我的开发。就他人而言，嫉妒者的流言、恶语、拆台、造谣等，往往对被嫉妒者造成恶劣的后果。

俗话说，十个手指头不一般齐，何况是人。世界上处处充满差别，不如我们的人有很多，比我们强的人也不少，8 小时的工作、交际、应酬本来就够令人疲惫了，如果再三天两头地患"红眼病"，那恐怕也只能是"此恨绵绵无绝期"了。

中国古代有副对联，叫做"欲无后悔须律己，各有前程莫妒人。"怀有嫉妒之心的人，应该学点真本事，因为泥饭碗会碎，铁饭碗会锈，人有真本事，才会越来越珍贵。你挖空心思找别人的缺点、不足的做法也正是你自己的缺点。不要嫉妒别人，因为你在伤害别人之时，你已经受到伤害了。

02　不要夸大其词

蛇晚上做了一个梦，梦见自己把一头大象给吃了。第二天早上醒来，它就到处吹嘘说："我昨天晚上吞了一头大象。"

许多动物听了十分惊讶，都不相信。一只老鼠说："蛇，你就瞎吹吧，你连我吃下去都费劲，还妄想吞下一头大象？"

蛇挺起身来，摆动着头说："哼，不相信我吗？你就等着瞧，等有了大象我吃给你看。"

此时，刚好迎面走来一头大象。

老鼠笑着对蛇说："是真是假，现在就可以马上试验了，你把这头大象吞下去吧！"

蛇连忙摆摆头说："不行啊，昨晚才吞下一头，现在肚子还胀呢。等明天饿了，我一定将这头大象吞下去！"

这时，大象走了过来，一只脚把蛇踩住了。等大象走过去后，它脚下的蛇已经成为一堆肉饼。

　　说话并不是一件简单的事情。想说就说，想什么时候说就什么时候说，甚至有的人想说什么就说什么，根本就不经过大脑的思考，这样，最终吃亏的还是自己，总有一些人过高地估计自己，爱说大话。这很容易让人对你的看法产生怀疑，兑现不了还会损坏你的声誉，对你的人际关系产生十分不好的影响。

　　中国古代贤人舜曾经对禹说，你只有不自夸自大，天下才没人能和你竞争。《尚书·说命》中说，如果有了美好的东西，就自大自夸，那么就会丧失掉；炫耀自己的能力，就会失去自己的功劳。所以老子认为，固执己见者不明事理，自以为是者不通达，自傲者不会成功，自夸的人的成功也不会长久。

　　做人低姿态一点，是自我保护的好方法。能人能在做大事上，而不是能在说大话，你的价值体现在做多少事上，在该表现时表现。以下几点是我们说话时应当特别注意的：

　　第一，不要在别人身后人云亦云，要学会发出自己的声音。每个老板都赏识那些有自己头脑和主见的员工。如果你经常人云亦云，那么你很容易被忽视，地位也很难提高。有自己的头脑，有自己的意见，不管你在公司的职位如何，你都应该发出自己的声音，应该敢于说出自己的想法。

　　第二，有话好好说，切忌把交谈变成辩论比赛。无论何时何地，与人相处要友善，说话态度要和气，要让人觉得有亲切感，即使是你的职位比别人高，也不能用命令的口吻与别人说话，更不能用手指着对方，这样会让人觉得没有礼貌，让人有受到侮辱的感觉。有些人的口才很好，可以把这一优点用在与客户的谈判上。如果一味地好辩逞强，人们就会对你敬而远之。久而久之，你就不知不觉成为一个不受欢迎的人。

　　第三，不要当众炫耀自己，不要做骄傲的孔雀。骄傲使人落后，谦虚使人进步。再有能耐，也应该小心谨慎，强中自有强中手。真正的精明者善于克制自己，表现出小心谨慎的态度，绝不夸张抬高自己。

　　第四，办公室是工作的地方，不是互诉心事的场所。我们身边总有这样一些人，他们特别爱聊天，性格直率，很喜欢和别人倾吐苦水。虽然这样的交谈比较容易拉近人与人之间的距离,使你们之间很快变得友善、亲切起来,但心理学家调查研究后发现,事实上只有1%的人能够严守秘密。所以,千万不要在办公室里向人袒露胸襟。过分的直率和缺心眼儿差不多,任何一个成熟的白领都不会过分直率的。自己的生活或工作有了问题,一定要避免在工作场所里议论。

一个真正成功的人,是不必自我吹嘘、自我炫耀的,因为你的成绩、你的成功,别人会比你看得更清楚。矜功自傲,既有损人格,又可能使已有的功劳丧失殆尽。自恃才学,亦为世人所轻视,同时使自己闭目塞听,无法进步。

03　正视自己的缺点和不足

有一天,神王朱庇特说:"所有动物听旨,如果谁对自己的相貌体形有意见,今天可以提出来,我将想办法给予修正。"

神王先问猴子:"猴子,你先说,你与它们比,觉得谁最美,你满意你的形象吗?"

猴子回答说:"我的四肢完美,相貌至今也无可挑剔,对此我十分满意。比较而言,我的熊老弟长相就粗笨了些。"

这时,熊蹒跚地走上前来,大伙以为它会承认自己相貌不扬,谁知它却吹嘘自己外表威武。同时又去评论大象,说大象尾巴太短,耳朵又太大,身体蠢笨得简直没有美感可言。

老实的大象听了这番话,言辞恳切地回答说:"以我的审美观来看,海中的鲸要比我肥胖多了,而我觉得蚂蚁太小……"

这时,细小的蚂蚁抢着说:"微生物是那么的小,和它们比,我像是一头巨象。"

这些动物互相指责,没有一个肯承认自己有不足之处,神王朱庇特只好挥手让它们退下。

我们总认为自己是完美无瑕的,缺点都在他人身上。于是在做事时经常嘲笑他人的短处;在总结经验时总是重申我们的优势所在,即便吃了败仗也把错误一股脑儿推给别人——"我没犯一点错"。结果可想而知,我们失去了让神王朱庇特把我们变得更漂亮一点的机会。

同人一样,每个组织都不可避免地会有各种各样的缺点和不足。如果不承认它们的存在,首先就不可能做到"知己";只盯住竞争对手的缺点而看不到对方的长处,自然达不到"知彼",这样做的后果只能导致失败。不仅如此,不正视自己的不足就不可能采取相应措施予以弥补,自然也无法提高组织的整体素质,增强组织的战斗力。

田忌赛马的故事可谓家喻户晓。人们赞叹田忌的才智,可又有多少人能深入地思考:田忌的马明明处于劣势,又为什么能在赛马中取得最终胜利呢?是运气?是命运之神垂青于他吗?其实这是因为田忌能正视自己的短处,在比赛中善于扬长避短,以至最后能赢得胜利。

敢于正视自己的缺点和不足,是勇气的表现,更是智慧的体现。只有缺乏自信、缺乏责任感的人才把因为自己的缺点造成的失败归咎于别人身上。而在遭遇失败时,能够勇敢地承担责任并正确认识到自身不足的人、组织或企业,才是真正的智者。

再优秀、再成功的人也会有美中不足。这也恰好验证了一句话"人无完人"。是的,人人都会有缺点,人人都会犯错误,而我们能做的,而且要去做的就是正视自己的缺点和不足,改正自己的错误,只有不断地完善自己,我们才会进步,才会成长。

正视自己的缺点和不足,这句话说起来简单,可真正地做到这点却是不容易的。首先要克服自己的自卑心理,要战胜自己的虚荣心,要有足够的勇气来承认自己的错误。我们都知道,没有人一生下来就注定会成功的,关键是在于后天的努力,而正视自己的缺点和不足正是为了更好地磨炼自己。只有正视自己的缺点和不足,才会不断地完善自己!

有缺点不是坏事,它是通向更高层次的阶梯。所以,缺点就是希望。

承认并改正缺点吧，你将获得事业的成功。

04　对别人不要以偏概全

有位养鸡场的主人，一直都非常讨厌传教士，因为他觉得大多数传教士口里讲的是一套，实际做的又是一套。为了"替天行道"，养鸡场的主人一有机会，就信口散布传教士的坏话。

一天，有两个传教士上门，说要买两只鸡。

生意上门，主人强忍着心头的不快，让其去挑选。这两个传教士在偌大的养鸡场中挑了半天，却挑中了一只毛掉得差不多、丑陋至极的跛脚公鸡。

主人有点奇怪，问他们为什么不挑最好的。

传教士回答说："我们想把这只鸡买回去养在修道院里，告诉大家这是你的养鸡场里养出来的鸡，为你做些宣传。"

主人一听急了，连忙说："不行，不行，你们看这养鸡场里，哪一只鸡不是漂漂亮亮、肥肥胖胖的？你们拿这只鸡去当代表，让大家以为我养的鸡全是这样,对我实在太不公平了。"

另一位传教士微笑地说:"对呀!少数几个传教士行为不检点,你却以他们为代表。这对我们来说,也同样太不公平了吧?"

养鸡场主人这才明白过来。

如果你不希望别人对自己以偏概全的话,那么首先你就不要对别人以偏概全。

很多人在评价一个人时,总是对别人的缺点耿耿于怀,而对其优点则视而不见,于是,这个人在他们眼里就变得一无是处了。其实在你这样评价别人的同时,别人也会以同样的方式去评价你,结果你在别人看来也同样是一文不值。显然,以偏概全的评价方法只会使人彼此厌恶,不利于合作和共事。

任何一个人都不可能是十全十美的,我们不能因为别人做事马虎就抹杀了他的创新思维。同样道理,我们也不应该只看到别人爱占小便宜,就否定其精打细算、勤俭节约的品质。用人、与人相处要尽量看其长处,而不要总盯着别人的缺点不放。只有肯定别人的优点和长处,容忍他人的无伤大雅的小毛病,才能彼此欣赏,才能彼此留下好印象。

俗话说:"尺有所短,寸有所长。"每个人都有自己的长处和短处,看人应长短兼顾,扬长避短,要让其发挥自己的长处,让其在最佳的位置上发挥出最大的作用,这才是决定事情成败的关键所在,也是用人需用好的关键之处。

其实,不仅与人相处需要这样,做任何事情,看待任何问题,都应尽可能全面,因噎废食只能是愚人的表现。

05 摒弃多疑和敏感

有一个人丢失了一把斧子,他怀疑是邻居家孩子偷的。于是,他看那个孩子，走路像偷斧子的，表情像偷斧子的，说话像偷斧子的。无论干什么，都像是偷斧子的人。

不久，他在山谷里挖地，找到了那把斧子。过了几天再见到邻居家孩子时，发现那孩子的哪一个动作都不像是偷斧子的人。

在生活中，有太多这样多疑的人。他们自我孤立、过度敏感、情绪紧张，整天提心吊胆、小心翼翼、谨言慎行，从不走近别人，也拒绝别人走近自己，更怕被别人拒绝。以至于一件微不足道的小事，一个随意的动作和眼神，一句无心的话，到了他们那里，都可能引发一场严重的紧张和不安。

多疑，是一个人精神上的瘫痪，是身心健康的"隐性杀手"。它像一颗毒瘤，不断地腐蚀人的思想，使人丧失理智，以主观、片面、刻板的思维逻辑来主导自己的推理，毫无根据地进行判断。

多疑的人从不肯对任何人付出自己的信任。如果你在工作或生活中，总以多疑、敏感的态度与他人交往，长此以往，别人就会因为无法忍受你的这种敏感和多疑而疏远你，最终落得众叛亲离、自怜自艾的悲惨下场。

一个才华横溢的年轻人在 4 年的时间内换了 7 家公司，并非他的业绩太差、能力不够，而恰恰相反，每次他都仅用几个月的时间就从销售员做到市场总监。他频频跳槽的真正原因是他总觉得随着自己业绩的提升，老总对他越来越不信任，同事也个个排斥他。"每次我都陷入四面楚歌的地步,我怎么能继续留在那里呢?"他气愤地说。

　　成功学大师拿破仑·希尔说,真正能使一个人成功的不是多疑,而是信任。只有信任他人,才能在与人相处时保持理性和智慧,才能把自己的精力放到真正有意义的事情上,而不是浪费在疑神疑鬼上。信任他人才会获得他人的信任,怀疑他人只会使自己遭受别人的怀疑。

　　没有人愿意与一个好猜疑别人的人交往。如果你是一名管理者,那么你的多疑就会迫使你给员工过多的负面评价,使员工的工作变得越来越消极。要想跳出这个怪圈,就必须摒弃多疑和敏感,让自己变得理智。

06　恰到好处的赞美

　　饥饿的狮子看到肥壮的公牛在地里吃草。

　　"要是公牛没有角就好了,"狮子垂涎欲滴地想,"那我就能很快地把它制服。可它长了角,能刺穿我的胸膛。"

　　后来,狮子想出了一个主意。它鬼鬼祟祟地侧着身子走到公牛身旁,十分友好地说:"我真羡慕你,公牛先生。你的头多么漂亮呀,你的肩多么宽阔、多么结实呀!你的腿和蹄多么有力量呀!不过,美中不足就是有两只角。我不明白你怎么受得了这两只角,这两只角一定叫你十分头痛,而且也使你的外貌受到损害,不是吗?"

　　公牛说:"你这样认为吗?我从来没有想过这一点。不过,经你这么一提,这两只角确实显得碍事,还有损我的外貌。"

　　狮子溜走了,躲在树后面看着。公牛等到狮子走远了,就把自己的脑袋往石头上猛撞。一只角先撞碎了,接着另一只角也碎了,公牛的头不久就变得平整光秃了。

　　"哈哈。"狮子大吼一声,跳出来大声道,"现在我可以摆平你了。多谢你把两只角都搞掉了,我先前没有攻击你,正是这两只角妨碍了我啊!"

著名心理学家威廉·詹姆士说："被别人赞美、钦佩、尊重，是人类本性中最深的企图之一。"每个人内心中都有一种渴望被别人赞美的愿望。因此，我们一定要多夸奖别人。对于你来说，用最普通最平常的语言夸奖别人是一件极其平常的事。但对于被赞美的人来说，意义却非同凡响，它可以使人愉悦，使人振奋，甚至可以因为这句话而改变自己的一生。

在现代社会的人际交往中，赞美他人也是一门说话的学问，能否掌握和运用这门学问，使之符合时代的要求，这是衡量现代人的素质的一个标准，同时也是衡量一个人交际水平高低的标志之一。

赞美要有艺术，要能皆大欢喜，要能实至名归。我们赞美唐太宗，只说他勤政爱民；赞美武则天，只说她善于用人；赞美康熙，只说他勤于治国。乃至对一些名相功臣，例如长孙无忌，也只说他是一代良相，对于魏征，则说他是有风骨的诤臣等。

要建立良好的人际关系，恰到好处地赞美别人是必不可少的。兵家有句话说得好："兵在精而不在多！"其实人际交往中说话也是如此，不在于你说多少，而在于你能说得恰到好处。能做到这一点，就说明你掌握了人的一个心理：人们都喜欢谈自己的长处和优点，所以也就喜欢说自己好话的人；不喜欢那些夸夸其谈，甚至是"老王卖瓜"式自卖自夸的人。

法国大哲学家洛士佛科说："与人谈话，如果自己说得比对方好，便会化友为敌,反之,如果让对方说得比自己好,那就可以化敌为友了!"这句话真是一针见血,实际情况正是如此。赞美他人能满足他人的自我。如果你能以诚挚的敬意和真心实意的赞扬满足一个人的自我,那么任何一个人都可能会变得更愉快、更通情达理、更乐于协力合作。美国的一位学者这样提醒人们:努力去发现你能对别人加以夸奖的极小事情,寻找你与之交往的那些人的优点,那些你能够赞美的地方,这样,你与别人的关系将会变得更加和睦。

所以,生活中你要想在善意和谐的气氛中做一些事情,就应努力地去寻找别人的价值,并设法告诉他,让他觉得自身的价值实在值得珍惜,从而去创造一个崭新的自己,而你在这里所扮演的角色就是鼓励他、帮助他的角色。这就是赞美的意义所在。

赞美成功的一个诀窍是,只有真正了解对方心理,才能进行恰当的赞美。"顺藤摸瓜",你的赞美才能准确到位。对方在欣喜之余,会视你为知己,继续向你袒露心怀,你可以不断捕捉赞美的闪光点,使得你的赞美更加得体,游刃有余。如果不了解他人心理,你就不知道他有何可赞之处,更不知他需要什么。

在赞美一个人时,切忌用官话套话,因为赞美一个人,并不是作报告或谈工作,要十分严肃。赞美贵在自然,它是在生活中的一定场景下的真情流露和有感而发。任何僵硬、虚夸、做作的赞美,都会让人反感。

总之,赞美是人们的一种心理需要,是对他人尊敬的一种表现。恰当地赞美别人,会给人以舒适感,同时也会改善我们的人际关系。总之,赞美是最好的认同,赞美是和谐的象征,赞美更是最能取得成效的交际法。

07　多用"软"批评

美兰·杜莎的公司是从事化妆品生产和销售的,对卫生有很高的要求，清洁是工作的最基本的要求。有一次，她召开销售会议，参加会议的一名美容顾问所带的化妆箱非常脏，这位美容顾问是一位刚刚加入公司的新手。美兰·杜莎看到她那脏兮兮的化妆箱，心里有些不快，认为顾客如果看到这样的化妆箱，根本就不会买化妆品。美兰·杜莎仔细观察了这个新手，她似乎对自己不够自信，如果直接把她的错误指出来，她一定不能接受，于是美兰·杜莎想找一个委婉的批评方式，指出对方的缺点。

美兰·杜莎把会议的主题定为"整洁是仅次于敬重上帝的美德"。她问与会者："如果你参加一个美容展示会，主持会议的美容顾问带的化妆箱非常脏，你心里会怎么想？"与会的美容顾问都说出了自己的看法。

美兰·杜莎接着说："我们从事的是美容行业，不论在什么时候，我们都要给人以整洁美观的印象。"美兰·杜莎讲话时，尽量不把目光指向那位美容顾问，以此表明演说不是针对她说的。事实上，她无需这样做，那位美容顾问听了这些话自然会想："我的化妆箱实在太脏了。"这种"软"批评很有效，不仅让与会的美容顾问认识到了整洁的重要性，而且也在无形之中指出了美容顾问的不足。

还有一次，美兰·杜莎的一位美容顾问不知为什么改变了她的工作态度。以前她曾是优秀的经销代表之一，然而现在她对工作逐渐失去了往日的热情，最后她索性连销售会议都不参加了。美兰·杜莎对此感到不可理解，她没有严厉批评那位美容顾问，而是想办法寻找一种恰当的方式，重新激起她的工作兴趣和热情。

美兰·杜莎想出一个好办法，她给那位美容顾问的负责人打了一个电话，问她是否可以让那个美容顾问在下次小组销售会议上发表一个有关订货方面的演说，因为许多美容顾问在这个方面能力比较欠缺，让她试着教教其他人如何以最好的方式激起顾客们的兴趣。

美兰·杜莎的这个办法已经把批评巧妙地进行了转换，使对方察觉不出来。在下次会议，那位美容顾问侃侃而谈，她分析了几个成功的事例，把其他美容顾问的工作热情和兴趣调动了起来，使她们获得了有益的启示。最关键的是，那位美容顾问通过这次演说，重新找回了自我，恢复了对工作的兴趣和自信。

与人共事,不可能永远那么一帆风顺,总会有人出错并需要你提出批评,这时,你若批评不当,不仅无法达到目的,弄不好还会产生副作用。所以说,批评也是一门学问,有效的批评会使对方认识到自己的错误,并及时地加以改正。巧妙地暗示对方注意自己的错误,会赢得他人的好感。

没有人喜欢听批评的言语,如果你直接批评别人,只会引起他强烈的反对情绪,倒不如换一种方法,使用"软"批评。美兰·杜莎的做法给我们许多有益的启示,特别是她那巧妙的批评技巧,让每一个从事管理的人赞叹不已。

批评他人是为了帮助对方认识错误、改正错误并把工作做好,而不是要制服别人或把别人一棍子打死,更不是为了拿别人出气或显示自己的威风,但生活中总是有一些人一遇到别人犯错,总是说"你不该这么做"、"那样是错误的",尽管他们说的句句在理,但受到批评的人总是不愿接受。尽管他们是好心,但换来的可能是对方的怒气。如果像美兰·杜莎那样委婉地指出需要加以改正的地方,就容易让人接受了。"软"批评更容易改变别人的行为。

不同的人由于经历、知识、性格等各种自身素质的不同,接受批评的能力和方式也会有很大的区别。所以,在沟通中,我们要根据不同人的特点,运用不同的批评语言。批评有一个核心,就是不损对方的面子,不伤对方的自尊。

08　要善于倾听

一个小国给大国皇帝进贡了 3 个一模一样的金人,金碧辉煌,皇帝非常高兴,但使者给皇帝出了这样一个问题:判断 3 个金人中哪个最有价值。皇帝想了许多办法,请来珠宝匠检查,称重量,看做工,都是一模一样的,根本就看不出来,3 个金人有什么区别。

怎么办呢? 使者还等着回去汇报呢! 泱泱大国,如果连这点小事都弄不明白,那不是很丢人吗? 正在皇帝和大臣们都束手无策的时候,一位隐居的智者托人带出口信来,说如果让他看一看金人,就能分辨出它的价值来。

皇帝将使者和智者请到大殿,智者将 3 个金人仔细看了又看,最后,他发现每个金人的耳朵里都有一个小孔。于是,他要了 3 根很细的银丝,从金人的耳朵里穿进去。

插入第 1 个金人的耳朵里,银丝从另一边耳朵里出来了;第 2 个金人的银丝从嘴巴里钻出来了;第 3 个金人,银丝进去后掉进了肚子里,什么响动也没有。智者对皇帝说:第 3 个金人最有价值。使者听后露出赞赏的表情,答案完全正确。

上天给了我们两只耳朵,却只给了一个嘴巴,就是告诉我们要多听少说,善于倾听。可是我们更喜欢用嘴巴而不是耳朵,我们总是不断地诉说,全然不顾他人的感受。

这则寓言告诉我们,最有价值的人是善于倾听的人。而善于倾听不是左耳听到什么马上就从右耳溜出去,也不是耳朵听到什么一眨眼就从嘴里说出来,而是把听到的话记在心里。心理学家认为,倾听可以帮助人们了解他人的内心世界,从而形成良好的人际交往。仅仅表现出一副很认真地在听的模样是不够的,你还必须做出积极的回应。当然这个回应并不是说出来,而是用实际行动表明你了解了对方的心事,并愿意帮助对方,也就是把对方记在心里。

犹太人认为,成功的交际并没有想象中的那么神秘,只要你能专心致志地注意对方就行了。但有很多人却不明白这个道理,他们总是认为自己很了不起,一谈起话来,便以自我为中心,所想到的只是自己。

其实每个人都喜欢谈论自己,谈论自己感兴趣的话题。成功交际的经验其实非常简单——倾听对方说话,这样无形中就会满足了对方的成就感。人的一生非常短暂,不要总是在别人面前炫耀自己的成就,让别人谈论自己,表面上你失去了很多,实际上你会获得亲情、友情、金钱,甚至比这还多。

卡耐基建议:"只要成为好的聆听者,你在两周内交到的朋友,会比你花两年工夫去赢得别人注意所交到的朋友还要多。"做一个好的倾听者,会使你事业成功,也会使你交到朋友。当你在认真聆听别人讲话时,你实际上也在推销自己。你的认真,你的全心全意,你的鼓励和赞美都会使对方感到你在尊重他、帮助他,当然你也会得到好回报。

人是情感动物,需要别人与自己分享幸福与不幸。默默地聆听别人的倾诉或许不如发言更有乐趣,但它却是与人进行心灵对话的好机会。倾听不只是一种同情和理解,不只是一种单向的付出。在你付出耐心和关心的同时,收获的还有对方宝贵的忠诚。注意听别人的谈话是建立良好人际关系的秘诀。记住,粗暴地打断别人的讲话或对别人的诉说无动于衷,是一种十分愚蠢的行为。

09　相同的意思用不同的方式表达

巴甫洛夫是俄国杰出的心理学家，他 32 岁才结婚。如同他杰出的研究成果一样，他的求婚也别具一格。

1880 年最后一天，巴甫洛夫还在他的心理实验室工作，许多朋友在他家等他。天下着雪，彼得堡市议会大厦的钟敲了 11 下。其中一个朋友不耐烦地说："巴甫洛夫真是个怪人。他毕业了，又得过金牌，照理可以挂牌做医生，那样既赚钱又省力。可他为什么要进心理实验室当实验员呢？他应该知道，人生在世，时日不多，应该享享福、寻寻快活才是呀。"

巴甫洛夫的同学里面，有一个教育系的女学生叫赛拉非玛。她听了那个同学的话，站起来说："你不了解他。不错，人的生命是短促的，但正因为如此，巴甫洛夫才努力工作。他经常说，在世界上，我们只活一次，所以更应该珍惜光阴,过真实而又有价值的生活。"

夜深了,朋友们渐渐散去,赛拉非玛干脆到实验室门口去等巴甫洛夫。

钟声响了12下,已经是1881年元旦了,巴甫洛夫才从实验室出来。他看到赛拉非玛,很受感动,挽着她的手走在雪地上。突然,巴甫洛夫按着赛拉非玛的脉搏,高兴地说:"你有一颗健康的心脏,所以脉搏跳得很快。"

赛拉非玛奇怪了:"你这是什么意思?"

巴甫洛夫回答:"要是心脏不好,就不能做科学家的妻子了。因为一个科学家,把所有的时间和精力都放在科研工作上,收入又少,又没空兼顾家务。所以做科学家的妻子,一定要有健康的身体,才能够吃苦耐劳、不怕麻烦地独自料理琐碎的家务。"

赛拉非玛当即会意,说:"你说得很好,我一定做个好妻子。"

就这样,他求婚成功了。在这一年,他们结婚了。

说话是一种艺术。同样一件事,以不同的语言方式说出来,就会达到不同的效果。在与人交往的过程中,用语是否得体、高雅、生动,让对方听起来悦耳舒心,将直接左右对方对你的认同和肯定。

在日常生活和工作中,说服别人让对方接受我们的建议或从事我们所希望的事情时,如果不能直说,或者有些话难以说出口,我们不妨换种方式,委婉地把心中的想法道出来,这样往往更容易达到目的。原因在于有些词虽有相同的意思,但所表达的感情色彩不一样。在运用语言时,要尽量选择最能表达感情色彩的词来表达意愿,这样更容易让对方接受。

"遁辞以隐意,谲譬以指事"(刘勰《文心雕龙·谐隐》),是说话人故意说些与本意相关或相似的事物,来烘托本来要直说的意思。这是语言中的一种"缓冲"方法。尽管这"只是一种治标剂"(杰弗里·N·利奇语),但它能使本来也许是困难的交往,变得顺利起来,让听者心甘情愿、满心欢喜地照着你所希望的方式去做。

现代文学大师钱钟书先生,是个自甘寂寞的人。居家耕读,闭门谢客，最怕被人宣传，尤其不愿在报刊、电视中扬名露面。他的《围城》再版以后，又拍成了电视，在国内外引起轰动。不少新闻机构的记者，都想约见采访他，均被他执意谢绝了。一天，一位英国女士，好不容易打通了他家的电话，恳请让她登门拜见钱老。钱老一再婉言谢绝没有效果，他就妙语惊人地对英国女士说："假如你看了《围城》，像吃了一只鸡蛋，觉得不错，何必要认识那个下蛋的母鸡呢？"洋女士终被说服了。

这个事例给了我们这样一个启示：在生活中，有些话直接说出来会很尴尬，很可能让对方下不了台，在这种情形下，不妨用含蓄的语言，间接地把意思委婉地表达出来，就可以达到自己所要表达的目的。

千人千面，人人都有不同的性格和脾气。有的人注意细节，做什么事都有讲究；有的人则不拘小节，许多方面都随随便便，在说话的时候，稍不留心，就会伤害大家的感情，因此，说话时一定要委婉。委婉含蓄主要具有如下三方面的作用：第一，人们有时表露某种心事，提出某种要求时，常有种羞怯，为难心理，而委婉含蓄的表达便能很好地解决这个问题。第二，每个人都有自尊心。在人际交往中，对对方自尊心的维护或伤害，常常是影响人际关系好坏的直接原因。有些表达，如拒绝对方的要求，表达不同于对方的意见，批评对方等，很容易伤害对方的自尊。这时，委婉含蓄的表达常能取到既能完成表达任务，又能维护对方自尊的效果。第三，有时在某种情境中，例如碍于有第三人在场，有些话不便直说，这时就可用委婉含蓄的表达。

使用委婉含蓄的话要注意，委婉含蓄的表现技巧首先是建立在让人听懂的基础上，同时要注意使用范围。如果说话晦涩难懂，便无委婉含蓄可言；如果使用委婉含蓄的话不分场合，便会引起不良后果。所以，说话一定要掌握好语言的"软化"艺术。

10　想说别人闲话时，记着闭上自己的嘴

圣菲利普是 16 世纪深受爱戴的罗马牧师。

有一天，一位年轻的女孩来到圣菲利普面前，向他倾诉自己的苦恼。这个女孩心地不坏，只是她常常说三道四，喜欢说些无聊的闲话。这些闲话传出去后，常常给别人造成许多伤害。久而久之，人们都远离她了。因为没有朋友，所以，她觉得很孤独。

圣菲利普对女孩说："你不应该谈论他人的缺点，我知道你也为此苦恼，现在我命令你要为此赎罪。你到市场上买一只母鸡，走出城镇后，沿路拔下鸡毛并四处散布。你要一刻不停地拔，直到拔完为止。你做完之后，就回到这里告诉我。"

女孩觉得这是非常奇怪的赎罪方式，但为了消除自己的烦恼，她没有任何异议。她买了鸡，走出城镇，并遵照圣菲利普的吩咐拔下鸡毛。然后她回去找圣菲利普，告诉他自己按照他说的做了一切。

圣菲利普说："你已完成了赎罪的第一部分，现在要进行第二部分。你必须回到你散布鸡毛的路上，捡起所有的鸡毛。"

女孩照做了，可在这时候，风已经把鸡毛吹得到处都是了。她只捡回了一些，但是不可能捡回所有的鸡毛。

女孩回来说："我没能捡回所有的鸡毛。"

圣菲利普说："没错，我的孩子，你是无法捡回所有的鸡毛。你那些脱口而出的愚蠢话语不也是如此吗？你不也常常从口中吐出一些愚蠢的谣言吗？你有可能跟在它们后面，在你想收回的时候就能收回吗？"

女孩说："不能。"

"那么，当你想说些别人的闲话时，请闭上你的嘴，不要让这些邪恶的羽毛散落路旁。"圣菲利普说。

　　我们有许多人都有背后说他人闲话的习惯。这种闲话通常是在与自己的利益无关的前提下说的，于是说人者觉得自己不背负道德意义上的责任，也就放任自己，再加上旁人喜欢听，所以就对自己的这一"恶行"不加以反思和制止。虽说古人早有"谣言止于智者"的忠告，但智者毕竟很少，闲话总是会被传来传去，就像流水一样会流动，从这张嘴巴流到那个人的耳朵里，再从那张嘴巴流到另一个人的耳中。何况有时"言者无心，听者有意"，经过许多人丰富的想象，也许在一番穿凿附会、改头换面之后，谣言就产生了，再加上"说闲话者"捕风捉影、添油加醋之后，更使谣言的传播速度加快，远远超过做事的速度。你所议论人家的闲话早晚会传到被议论者的耳朵里，到那时候，得罪了人，就会给自己带来不断的麻烦。

　　传播伤害他人的闲话，有时是出于嫉妒、恶意，有时是为了借揭示别人不知道的秘密来抬高自己的身价，这些都是极令人厌恶的事情。在很多时候我们常抱着一颗攀比的心去衡量别人与自己，这样一来，我们不但不会快乐，别人也会因我们而不快乐，"静坐常思己过，闲谈莫论人非"，才是真正的处世之道。

"名誉是一个人的第二生命",没有了名誉,以后就无法正正当当地待人处世。被流言蜚语影响,以至于毁掉了名誉的人自然悲愤、痛苦,而那些以损害别人好名声为乐,经常传播流言、谣言的人,在他毁人名誉的同时,也毁了自己的名誉,却还不自知。

每个人都有自己既定的生活环境和立场,也因此习惯于处在本身的环境中,很容易忘却了别人也和自己一样有其特殊的一面,所以永远不要用自己的思维去审视别人,更不要用自己的想法去评价别人。

当然,并非所有的闲话都是罪大恶极,"马路消息"和"小道新闻"也是员工之间沟通的一种形式。除了可以冲淡工作里的沉闷,也可以制造一些可供讨论的话题,更可能是领导者获取信息的一种手段。比如有的领导者会将还未决定的人事安排或计划传达出去,以此来了解各种反应。若反应好,则顺水推舟,实施此案;若反应不佳,则只当是传言、终究无法成为事实。从这个角度来看,闲话可作为是组织内的民意调查,领导者可以从中获得一些有用的信息。

另外,闲话有时也是一种预防性的警告,当一个人经常被别人说闲话时,一定会自省,从而调整自己做人做事的风格,以减少别人对自己的议论。而有时候,工作中确实有些情况是不便直截了当地去责备当事人的,这时候适当地利用一下"闲话"也是未尝不可的。

但无论如何,说话有说话的技巧,假如出口不够谨慎,没有顾虑到听者的立场,就很容易在无意中伤害别人,而产生一些误会。所谓"言者无心,听者有意"就是这个道理。

面对闲话,首先不宜暴怒,而应开心才是,要知道恰如"已知的恶魔总比那未知的恶魔要好对付一样"。如果他人的闲话中有中肯之处,我们应谦虚地倾听,尽快改正自己的过错。否则,我们不如遵照《法句经》中所言:

犹如坚固严,不为风所摇,

毁谤与赞誉,智者不为动。

人应该学会以泰然自若的心态去面对所有的闲言碎语。

避免别人说闲话，说难也难，可说易又很容易。做人若做得正，又何惧影子歪？只要操守无可争议，没有伦理上的失足。没有腐败、颓废、私生活的出轨，被说闲话的机会必然会大大减少；做事谨慎认真、处处紧扣规矩方圆，没有任何闪失和漏洞，又何惧闲话？

"是非只因多开口"，闲话说多了，必然会引起不必要的麻烦。没有一个人愿意与一个爱说闲话的人交往。说别人的闲话，散布流言，表面上看似平静无伤大雅，实则害人不浅。要想赢得朋友、同事的好感，不说闲言碎语是一个明智之举。总之，请相信这样一条真理："说闲话者，终被闲话累！"

11　微笑是最好的名片

RMI 公司是美国一家非常有名的大公司，它位于美国俄亥俄州。有一段时间，这个公司的生产滑坡，工作效率低下，利润上不去。公司想了许多办法，都没有扭转这种局面。

后来，公司派丹尼尔任总经理。丹尼尔一上任，便在工厂里到处贴上这样的标语："如果你看到一个没有笑容的人，请把你的笑容分些给他"、"任何事情只有做起来兴致勃勃，才能取得成功"，标语下面都签着丹尼尔的名字。他还把工厂的厂徽改成一张笑脸。平时，丹尼尔率先垂范，他总是春风满面的样子，见到工人像见到自己的亲人一般亲切地打招呼，征询他们的意见，并且他能毫不费力地叫出每个工人的名字。

在丹尼尔的笑脸管理下，3 年后，工厂在没有增加任何投资的情况下，生产效率却提高了 80%。《华尔街日报》在评论他的笑脸管理时称，这是"纯威士忌 + 柔情的口号、感情的交流和充满微笑的混合物"。美国人也把丹尼尔的这个方法叫做"俄亥俄州的笑容"。

　　俗话说得好："眼前一笑皆知己,举座全无碍目人。"微笑是我们这个星球的通用语言,不论走到哪里,都要带着微笑。微笑是一种真实的表白,是一种发自内心的热情。行为胜于言语,对人微笑就表明你愿意接受这个人,此时的微笑确是无声胜有声。

　　的确,没有人能轻易拒绝一个笑脸。笑是人类的本能,因此微笑就成了两个人之间最短的距离,具有神奇的魔力。真诚的微笑是交友的无价之宝,是社会的最高艺术,是人们交往的一盏永不熄灭的绿灯。

　　不仅对别人如此,微笑对于自己来说也是非常有好处的。脸上的表情反映了我们内心的情感。一个不喜欢微笑的人,一定是经常生活在压力之下、痛苦之中。只有真正自信和快乐的人,才会有发自内心的微笑。

　　可以说,在实际的生活中,微笑是一种万能剂。可以使我们消除忧愁,微笑可以使我们获得友谊。更重要的是,微笑可以增强我们的自信心。

　　在一个适当的时候、适当的场合,一个小小的微笑可以创造奇迹,可以使陷入僵局的事情豁然开朗,更可以让你的愿望得以轻松实现。

　　有句谚语说:"一家无笑脸,不要开小店。"美国的希尔顿饭店名扬五洲,是世界上最富盛名和财富的酒店之一。董事长康拉德·希尔顿说:"如果我的旅馆只有一流服务,而没有一流微笑的话,那就像一家永不见温暖阳光的旅馆，又有什么情趣可言呢?"他还总结说:微笑是最简单、最省钱、最可行、也最容易做到的服务，更重要的是，微笑是成本最低、收益最高的投资。一次，他要求员工不管多么辛苦，多么委屈，都要记住任何时候对任何顾客，用心真诚地微笑。正是微笑，给希尔顿带来了繁荣。

美国许多企业的经理宁愿雇用一位中学未毕业却有着迷人笑脸的年轻人，而不愿聘请一个满脸"尊严"的哲学博士。卡耐基在他的《人性的弱点》一书中介绍了一个从微笑中获得成功的例子:

纽约百老汇大街证券交易所有名的经纪人斯坦哈特一向严肃刻薄、脾气暴戾，以致他的雇员、顾客甚至太太见到他都唯恐避之不及。后来，他请教了一位心理学家，学会了微笑，一改旧习，无论在电梯上还是在走廊中，无论是在大门口还是在商场里，逢人三分笑，像普通的职员一样虔诚地与人握手。结果，斯坦哈特不仅和妻子和睦相处，相亲相爱，而且商场顾客盈门，生意兴隆。从这个意义上说，微笑带来的就是利润。

微笑就像一抹宜人的春风，微笑拉近人与人之间的距离，让人与人之间的交流更加亲切自然，要圆融为人不要忘了微笑。

12　快乐的生活

某喜剧大师去找心理医生求诊，说他不快乐。心理医生告诉他，去看某喜剧大师的表演吧，他会让你快乐。

喜剧大师说:"我就是他。我送给观众快乐，但那只是我的工作。快乐是他们的，我不快乐。"

这件事对心理医生触动很大，他弄不清楚快乐是谁的，于是他开始忧郁。

心理医生去找喜剧大师，说:"我也不快乐了。"

喜剧大师问:"你治好了许多人的抑郁症，让他们重新感受到了快乐，你为什么不快乐呢?"

心理医生说:"可那只是我的工作。快乐是他们的,我不快乐。"

生活中的你,是否也像他们一样把快乐与工作截然分开了呢?

很多人认为,快乐只能是通过娱乐、消遣、休闲方式获得,它与工作和生活无关。当他们必须工作、必须直面生活时,他们所感受到的只有厌烦、疲惫和困苦。由于工作和生活带给他们的经常是无奈,于是他们也开始消极地应付工作和生活。在这样的状态下,工作越来越乏味,生活也越来越不如意,于是他们就更加不快乐,更加消极,如此形成恶性循环。

如果我们消极地应付工作,我们自然做不好工作。即使在职业责任心的驱使下把工作完成了,也只是"完成"而已,根本不会有所突破。当喜剧大师说"快乐是观众的,我不快乐"时,他还会有灵感创作出更有水平的作品吗?当心理医生说"尽管我治好了不少人的抑郁症,但那只是我的工作"时,他还能进一步提高自己的医术吗?

要想取得成功,我们就要学会在工作中体会到快乐。其实工作本身就是美丽的、快乐的,生活也是如此。所以,重要的不是你所从事的是怎样的工作,过着怎样的生活,而是你是否具有发现快乐的眼睛。

其实,快乐与否,全在于一个人的心态。看开了,也没什么大不了。只要善于调整心态,就能抛开阴影,开创一片新天地。

无论对工作还是生活来说,能保持快乐的心态,就是一种资本。曾有人说过:"只要你愿意,你就会在生活中发现和找到快乐——痛苦不请自来,而快乐却需要我们自己去发现。"

我国著名科普学家高士其就是一个善于发现快乐的人。

高士其年轻时曾留学美国,毕业后留在芝加哥医学院深造。23 岁那年,一场意外的科研事故使他变残废了。全身瘫痪,说话不清,两眼发直,连饮水都困难。

然而,高士其的心却没有衰竭。他以顽强的毅力写了许多文章和诗,成为我国著名的科普作家。他曾写过一篇知识小品,题为《笑》,其中这样写着:

笑有笑的哲学。笑的本质,是精神愉快。

笑的现象,是让笑容、笑声伴随着你的生活。

笑的形式,多种多样,千姿百态,无时不有,无处不在。

笑的内容,丰富多彩,包括人的一生……

笑,你是嘴边一朵花,在颈上花苑里开放。

你是脸上一朵云,在眉宇双目间飞翔。

你是美的姊妹,艺术家的娇儿。

你是爱的伴侣,生活有了爱情,你笑得更甜。

笑,你是治病的良方,健康的朋友。

高士其永远拥有一颗快乐的心,这是一种积极向上的生活态度,一种任何艰难困苦都无法摧毁的生活态度。

快乐是一种生活的尺度,能反映我们生活的品质,丈量我们对生活的热爱程度。一位心理学家曾说:"快乐是一种善待自己的能力,不管你目前的生活境况怎样,你都应该让自己保持快乐的心情。"很多人之所以不能获得快乐,是因为他们把注意力集中在了令人沮丧和痛苦的事情上,他们的态度消极。

快乐的人,往往是一些永远快乐且充满希望的人。无论遇到什么情况,快乐的人脸上总是带着微笑,坦然地接受人生的变故和挫折。这就是乐观的生活态度。

其实,快乐是每个人最基本的权利和义务,不论你是富有还是贫穷,是成功还是失败。如果要等到实现某个目标之后你才会快乐,那么你永远也享受不到真正的快乐,因为不论你的目标是什么,当你实现这个目标后,马上会有下一个目标出现,所以你根本不可能快乐。

研究表明,所有具有快乐态度的人都表现出这样的特点:乐观、积极、热情、开朗、有活力。生活郁闷的人会在寻找快乐的过程中逐渐失去自我,而乐观积极的人则将注意力投入眼前的事情就能够获得快乐。其实,快乐不是什么神秘的东西,只要你有正确的心态,快乐随时都能获得。

13 学会自我克制

有位候选人希望从一位政界要人那里获得一些成功的经验。但这位政界要人提出了一个条件："你每次打断我说话,就得付 5 美元。"

候选人很自信地说:"好的,没问题。"

"很好,"政界要人说,"第一条是,对你听到的对自己的诋毁或者污蔑,一定不要感到气愤。随时都要注意这一点。"

"这很简单。"候选人认为自己能做到。

"很好,这就是我经验的第一条。坦白地说,我是不愿意你这样一个流氓当选的……"

"先生,您怎么能……"

"请付 5 美元。"

"啊! 这只是一个教训,对不对?"

"是的,这是一个教训,也是我的看法……"

"您怎么能这么说……"

"请再付 5 美元。"

"啊!"候选人气急败坏地说,"这又是一个教训。可你的 10 美元赚得太容易了。"

"没错,非常容易的 10 美元。你得先把钱付清,然后我们再继续。"

"你这个可恶的混蛋!"

"请付 5 美元。"

"啊! 又是一个教训。噢,请稍等,我最好试着先控制一下自己的脾气。"

"好,我收回前面说过的话,其实我认为你是一个值得尊敬的人物,因为考虑到你低贱的家庭出身,又有一个声名狼藉的父亲……"

"你才是个声名狼藉的恶棍！"

"请付 5 美元。"

这是这位候选人学到的自我克制的第一课，他为此付出了高昂的学费。

然后，那个政界要人说："现在，就不是 5 美元的问题了。你要记住，你每发一次火或者你为自己所受的侮辱而生气时，至少会因此而失去一张选票。而选票对你来说，远比钞票要值钱得多。"

自我克制是成功的基本要素之一。很多人不能自我克制，也就无法把自己的精力投入到他们的工作中，完成自己伟大的使命。杰勒米·边沁说："无论如何，如果人的意志力能够控制思想，就能使这些思想走向幸福。要努力看到事情好的一面。人们有时会浪费大部分的时间，白天，开会的时候，时间会在等待中白白地浪费，夜晚，睡觉之前，人们因兴奋会不停地想愉快的事儿；在外步行时，或在家休息时，思维一刻也不会停止，这些思想可能有用，也可能无益，甚于对幸福有害。"

自我克制是一种能力，一种可贵的自我限制行为，也是一种义务，快乐源于自我克制，成功也源于自我克制。

生活中有很多人因为不能控制自己而做错了许多事，甚至导致了许多悲剧。在遇事时，要冷静下来，告诉自己等一等，我们就有可能控制住自己。

要学会控制自己,特别是控制自己突发的冲动。控制冲动就如同驾驭烈马,你如果能够在狂奔的马上表现出镇静,那么你也应该能够做到事事聪明。能够预见危险,就会摸索着找到自己的路。激动中的言语对于脱口而出的人也许微不足道,可是对一个善于听话的人却是很有分量的。

华盛顿的传记作家这样评价华盛顿:"他性格豪爽,充满激情,面对充满诱惑和激动人心的时刻,不懈的坚持以及自我控制的努力,让他最终控制了诱惑,克制了激动……他的激情无人能比,有时这种强烈的激情猛烈地爆发出来,但是,他会在最短的时间内克制这种强烈的激情。自我控制应该是他最优秀的性格特征。"

纵观世界,大凡有所成就的人的性格情绪,都是非常鲜明而稳定的。对于一般人来说,如何自我克制是一大难题。平时要特别注意培养自己的自制力,针对自己的实际情况采取一些有效方法来克制自己的情绪。

自我克制是一切美德的根源所在。一个人如果被冲动和激情支配,那么,他就失去了全部道德自由,他就会人云亦云,淹没在时代的潮流中,成为强烈欲望的奴隶。

学会自我克制,在处世中很重要。不论在与人交往过程中发生了什么不如意的事,都不要轻易发作,一旦你发作出来,无论对人对己,都不会有好结果,所以要控制你的情感。也许这对绝大多数人来说并不容易,但你必须这么做,因为这是你处世成功的必要心理基础。

14　赞扬的技巧

一位收藏家请一位鉴赏家来家里,鉴赏一下他最近收集的几幅字画。

鉴赏家来了以后，他先拿出郑板桥的一幅画竹，请鉴赏家看。鉴赏家看了

半天，没有说话。然后，收藏家拿出现代一位青年画家的作品，请他鉴赏。那位鉴赏家看了几眼就连声赞叹道："非常、非常好！"

收藏家糊涂了，他说："以我的经验，郑板桥的画不应该是假的呀，可是不见你对郑板桥的画有什么评价，怎么倒是称赞起这幅名不经传者的画呢？"

鉴赏家说："对郑板桥的画，没有人需要说什么，它本身已经把一切都说明了；但对第二幅画，则必须有人赞扬它，不然它的作者就会受挫。"

赞扬是人际关系中非常重要的润滑剂，它不仅使人感到振奋，而且使人觉得被肯定与重视。心理学家杰斯莱尔说："赞扬就像温暖人们心灵的阳光，我们的成长离不开它。但是绝大多数人都太轻易地对别人吹去寒风似的批评意见，而不情缘给同伴一点阳光般温暖的赞扬。"

无论是在生活还是在工作中，我们每个人都渴望被人肯定、被人赞扬，这是我们对成就感的需要。领导者如果对自己的下属说一些赞扬的话，下属就会觉得领导肯定、认同他的成绩，就会更加努力地做好本职工作，这就像在一道菜中添加了更可口的作料一样。

从社会心理学角度来说，赞扬也是一种行之有效的交往技巧，能有效地缩短人与人之间的心理距离。美国心理学家威廉·詹姆士指出："渴望

被人赏识是人最基本的天性。"回忆一下我们自己的成长经历,谁没有热切地渴望过他人的赞扬? 既然渴望赞扬是人的一种天性,那我们在生活中就应学习和掌握好这一生活智慧。

赞扬别人,仿佛一支火把照亮别人的生活,也照亮自己的心田,有助于推动彼此友谊健康发展,还可消除人际间的怨恨。赞扬是一件好事,但绝不是一件易事,赞扬别人如果不审时度势,不掌握一定的赞扬技巧,即使你是真诚的,也会好事变坏事。所以,开口前我们一定要掌握以下技巧:

1. 要有真情实感

这主要包括对对方的情感感受和自己的真实情感体验,而且必须是发自内心的,这样的赞扬才不会给人虚假和牵强的感觉。真情实感的赞扬既能体现人际交往中的互动关系,又能表达出自己内心的美好感受,对方也能够感受你对他真诚的关怀。

2. 要合乎时宜

赞扬的效果在于见机行事,适可而止,真正做到"美酒饮到微醉后,好花看到半时开。"

3. 用词要得当

赞扬之前一定要了解对方处于什么样的状态,如果对方恰逢情绪特别低落,或者有其他不顺心的事情,过分的赞扬往往让对方觉得不真实,所以一定要注重对方的感受。

4. "凭你自己的感觉"是一个好方法

每个人都有灵敏的感觉,也能同时感受到对方的感觉。要相信自己的感觉,恰当地把它运用在赞扬中。如果我们既了解自己的内心世界,又经常去赞扬别人,那么,我们的人际关系会处理得非常好。

第四章

04

有积极的想法，还要有坚持不懈的努力

中国传统文化认为：一个人的最高境界是『内圣外王』，即人格的提升与成功的双重圆满，并提出了做事先做人，做人先修心的圆满之路。

内心得道，是成功得道的前提和保障，也是个人建功立业的基础。一个智者应当毫不犹豫地将修心作为一生中最重要的事情来看待，因为这是一条无数智者所选择的辉煌的人生大道。

01 谦虚是一种美德

美国首次登陆月球成功,在全世界引起了轰动。人们通过电视看到到了阿姆斯特朗站在月球上,听到了他当时所说的那句话:"我个人的一小步,是全人类的一大步。"

这句话在一夜之间就成为全世界家喻户晓的名言。

其实登陆月球的有两位宇航员,除了大家所熟悉的阿姆斯特朗外,还有一位叫奥德伦。

"你不觉得很遗憾吗?"在庆祝登陆月球成功的记者会上,有一个记者这样问奥德伦,"由于阿姆斯特朗先走下飞船,结果他成为登上月球的第一个人,而你却不是。"

"各位,千万别忘了,"在全场观众的注目下,奥德伦很有风度地回答,"回到地球时,我可是最先走出太空舱的。"

他环顾四周,然后很幽默地说:"所以我也是第一个人哪,是从外星球来到地球的第一个人。"

大家都禁不住笑了起来,并给予了他最长久最热烈的掌声。

驮着财宝的骡子因为感到自己驮的东西价值不菲,所以昂首阔步,把系在脖子上的铃铛摆得悦耳动听,而它驮着粮食的同伴则不声不响地跟在它后边。

突然,一伙强盗窜出来,扑向骡队。强盗与赶骡人拼杀时,用刀刺伤了驮金子的骡子,贪婪地把财宝抢劫一空,对粮食却不加理会,驮粮食的骡子因此也就安然无恙。

受了伤的骡子全无刚才的神气,大叹倒霉,对同伴说:"还是你运气好啊,虽然不神气,但总不至于挨刀子。"

生活中也总有一些人,刚被赋予一点重要的责任,就急着向别人炫

耀，觉得自己与众不同、高人一头，全然没有想到会因为自己担负的责任，最终一败涂地。

谦是傲的对症良药。俗话说："谦虚使人进步，骄傲使人落后。"做事先做人，想成大事必须首先做一个有德的人。当你在工作上有了一点成就，千万不要恃才傲物，要做到谦虚谨慎，放低自己的姿态。成就只是起点，谦虚学习别人的长处，补自己的不足之处，才能立于不败之地。

当上司对你委以重任，表面上与其他同事没有什么关系，实际上却会使他们产生挫败感——只有你一人得到肯定，其他人都是失败者。此时的你如果表现得骄傲自大、趾高气扬，会更加刺痛同事的自尊心。所以，不管你取得了怎样的成绩、得到了怎样的机会，要永远保持谦逊的美德。时刻警醒自己："把头昂得太高，只会碰到门框上。"

在如今的世界里，人与人之间应该是平等和互惠的，正所谓"投之以李，报之以桃"。那些谦逊豁达的人们总能赢得更多的朋友，天天门庭若市，日日高朋满座。相反，那些妄自尊大，高看自己，小看别人的人总会引得别人的反感，最终在交往中使自己孤立无援，别人敬而远之。

谦逊是一个人能够做大事、承担重任的基础。因为谦逊可以让人将精力集中在工作上。谦逊的人从不向别人夸耀、自我陶醉或趾高气扬。一个打扮朴素的女孩去一家酒店面试，主考官却以外表和形象不合格为由拒绝了她。女孩站起来义正词严地说："我可以用2分钟的时间换一套衣服,用5分钟的时间化一个淡妆,但是我认为,我勤勤恳恳20年所做的努力和获得的学识是无法用外表来衡量的。"说完她向主考官深深地鞠了一躬,转身离开。第二天,大家在录用榜上看到了她的名字,但她却没有去签约。她说:"其实,我一直很抱歉我昨天的失礼。做人最宝贵的精神是谦虚,我不希望我是靠这种傲慢的争辩得到这份工作的。所以,我不能去。"

法国哲学家罗西法古说:"如果你要得到仇人,就表现得比你的朋友优越吧;如果你要得到朋友,就要让你的朋友表现得比你优越。"学会谦虚,才能永远受到欢迎。不要在别人面前大谈我们的成就和不凡,自我夸耀往往会引起竞争对手的注意,从而成为众矢之的。只有保持低调并理智地发展,才会更快更好地成长壮大。

02 关键时刻保持冷静

一天,一头驴正在空旷的草地上吃草,突然发现一只狼正悄悄地向它逼近。

由于发现的太晚了,驴想跑已然来不及了。于是驴子急中生智,想出了一条妙计。

没等狼靠近它,驴便装作一瘸一拐的样子主动向狼走了过去。狼很奇怪驴为什么没有逃,反而向自己靠近,便问驴:"看到我,你怎么不逃命,难道不怕我把你吃掉?"驴子沉住气说:"你看我这一瘸一拐的样子,哪能跑得掉?看来今天我注定要被你吃掉。不过,在临死之前我想提醒你一下,我的蹄子是因为扎到了刺儿才变瘸的,你吃我之前一定要先将那根刺拔出来,免得扎到你的嘴。"

狼一听,觉得驴说得很有道理,心想,反正驴也跑不掉了。于是便爬

到驴蹄子下去找蹄子上的刺。这时，驴对准狼的脑袋猛地一踹，狼的脑袋顿时被踢开了花。

在关键时刻，具有意义的帮助就是保持冷静。将情况掌握在自己控制之下，即使是微小的细节也不放过。如果我们自身是盲目慌乱的，那么很有可能使帮助我们的人也陷入这样的情绪中；如果能保持冷静的头脑，即使在没有他人帮助的情况下，我们仍然可以自救。

故事中的驴相当沉稳，它能在最短的时间内异常冷静地去面对突如其来的危险，并通过自己的聪明才智，导演了一场形象逼真的戏，制服了凶狠的狼，保住了自己的性命。

尤其是当今企业，在面对复杂多变、竞争激烈的市场，必须要谨慎、稳健地运作企业的各个环节。一旦遇到突如其来的风险，更应该冷静地对待，方能达到进退自如、攻防尽意的效果。

有正确的战略决策导航会大大增加企业成功的几率，而错误的战略决策往往会使企业走向失败。面对决策风险，决策者要考虑几件事情：现有资源是否可以承担？克服问题所做的决策，可以获利多少？是否有能力承担风险的损害？是否能够借着快速决策展现我的意志力，让他人对我产生信心？所以说，在决策过程中要密切注意形势的变化，及早地发现问题，做好准备以应付意外事件的发生，这样可以让风险降至最低。只有时刻保持警惕,时刻保持冷静才能少犯错误,这是每一个决策者必须谨记的。

03 上帝青睐勤奋之人

这是一个广为流传的故事。

哈德良皇帝是一个贤明的皇帝。有一天,他看见一个老者正在勤奋地种植无花果树。

他问老者:"你想享受你劳动带来的果实吗?"

老者说:"假使我活不到吃无花果的时候,也没什么,我的子孙们将会吃到,也许上帝会特赦我。"

"请记住,老人家,如果你得到了上帝的特赦,吃到这棵树的果实时,你一定告诉我。"哈德良皇帝说。

时间过得很快,果树在老者的有生之年结出了丰硕的果实。老者十分高兴,装了满满一篮子无花果来见哈德良皇帝。

老者说道:"我就是你看见过的那个种无花果树的老头儿,这些果实是我劳动的成果。"

哈德良皇帝让他坐在金椅子上,给他的篮子装满了黄金。

皇帝的仆人反对说:"您想给一个老头那么多荣誉吗?"

哈德良皇帝却说:"上帝给勤奋的人以荣誉,难道我就不能做同样的事吗?"

勤奋是检验成功的试金石。即使你天资一般,只要勤奋工作,就能弥补自身的缺陷,取得优异的成绩,最终能以自己的行动为他人做出榜样。

一个人即使没有出众的能力,但是一定要有勤奋踏实的工作、敢为人先的精神。反之,即使能力无人能比,懒惰成性同样也不会拥有广阔的发展空间。

古训说，勤者可成事，惰者可败事。成就事业，人是最根本的因素。你用什么样的态度付出，就会得到相应的成就回报。如果以勤付出，回报你的，也必将是丰富的。所以，要想成功做事就要勤奋实干。

世界上到处都有一些看起来很有希望成功的人——在很多人的眼里，他们能够成为而且应该成为各种非凡人物，但是，他们最终并没有成功，一个最重要的原因在于他们不愿意付出与成功相应的努力。他们希望到达辉煌的巅峰，却不愿意走过艰难的道路；他们渴望胜利，却不愿意做出牺牲。投机取巧是许多人一种普遍的心态，而成功者之所以成功的秘诀就在于他们勤奋，并能够超越这种心态。

投机取巧只能令你日益堕落，只有勤奋踏实、尽心尽力地工作才是最高尚的，才能给你带来真正的幸福和快乐，才能帮助你走向成功。

古今中外有很多实例生动地证明了这样一个道理：无论事情大小，如果总是试图投机取巧，可能表面上看来会节约一些时间和精力，但实际上是在浪费更多的时间、精力和财富。

一旦养成投机取巧的习惯，一个人的品格就会大打折扣。做事不能善始善终、尽心尽力的人，其心灵亦缺乏相同的特质。他因为不会培养自己的个性，意志无法坚定，因此无法实现自己的任何追求。一面贪图享乐，一面又想修道，自以为可以左右逢源的人，最终的结果是一无所获。

　　一位先哲说过："如果有事情必须去做,便积极投入去做吧!"还有一位哲人说过："不论你手边有何工作,都要尽心尽力地去做!"

　　踏踏实实做人,实实在在做事。任何一个双手插在口袋里的人,都爬不上成功的梯子。要从实际出发,对自己负责,给人留下一个实在的形象,给自己的成功增添一份夯实的基础。

　　世上的事,从来都是一分耕耘一分收获,怕吃苦,图安逸,成不了大事。事实上,在公司里,并非是具有杰出才能的人就容易得到提升,而是那些勤奋刻苦,并有良好技能的人才有更多的机会。

　　命运掌握在勤奋工作的人手上,所谓的成功正是这些人的智慧和勤劳的结果。俗话说,一勤天下无难事。其实,勤劳本身就是财富,如果你是一个勤劳、肯干、刻苦的员工,就能像蜜蜂一样,采的花越多,酿的蜜也越多。你享受的甜美也越多。

　　勤奋敬业的精神是你走向成功的基础,它更像一个助推器,把你自己推到成功面前。如果有一天你终于成功,你应该自豪地对自己说："这都是我勤奋努力的结果。"

　　成就一番事业的人,一定要守住"勤"字,忌掉"懒"字。懒惰是人的本性之一,稍不留神就会流露出来。所以想成就一番事业,就要时时刻刻提醒自己："成事在勤,谋事忌惰。"在勤奋面前,再艰巨的任务都可以完成,再高峻的山也都会被移走。

　　成功者都有一个共同的特点——勤奋。在这个世界上,投机取巧是永远都不会踏上成功之路的,偷懒更是永远没有出头之日。

　　汉夫雷·戴维出身贫寒,他接受教育和获得科学知识的机会非常有限。然而,他拥有着勤奋刻苦的精神。当他在药店工作时,他甚至把旧的平底锅、烧水壶和各种各样的瓶子都用来做实验,锲而不舍地追求科学真理。后来,他以电化学创始人的身份出任英国皇家学会的会长。

　　一位成功人士曾经说过："我不知道有谁能够不经过勤奋工作而获得成功。"寓言中守株待兔的人,曾经不费吹灰之力就得到一只兔子,但此后他再也没有得到半只兔子。所以,不要指望不劳而获的成功。

爱因斯坦说："在天才与勤奋之间，我毫不迟疑地选择勤奋，它几乎是世界上一切成就的催生婆。"勤奋是通向成功的最短路径，也是实现梦想的最好工具，无论是在富有还是贫穷的环境中，只要你肯勤劳做事，付出你的努力，你就一定会有收获，因为天道酬勤。

04　要有真切的敬业之心

有一位年轻的母亲，生活在法国的布雷斯特。她没有工作，在家里专心照顾她仅 3 岁的女儿。有一天，女儿睡着了，年轻的母亲把女儿放在小床上，趁女儿熟睡的时候，赶忙到附近的超市里买一些蔬菜和水果。

由于回来的途中扭了脚，她在路上耽误了一些时间。她非常着急，担心家里的女儿。

当她看到自己居住的楼房时，不由自主地向自己居住的六楼张望。这时，她发现六楼的阳台上有个小黑点在那里蠕动。

"啊，我的女儿！"她大叫一声，疯狂地向前跑。同时，边跑边喊，"孩子，不要往外爬！"可是女儿仿佛并没有听到她的话，她看到妈妈朝她招手，于是在阳台手舞足蹈，拼命向外爬。这时要跑到六楼阻止女儿爬下来已经来不及了，这位妈妈决定在女儿掉下来以前接住她。于是她发疯地向前冲，刚好在女儿掉下来的一刹那，跑到了楼下并且伸出双臂稳稳地接住了女儿。

这件事在当地立即引起了轰动，电视台记者赶来了，要把这人间奇迹拍摄下来。他们找了个布娃娃代替她的女儿，当布娃娃从楼上落下来时，让她稳稳地接住。这位母亲同意了。

但是，一次，二次，三次……布娃娃都掉在了地上。

记者问她到底是怎么回事，这位母亲吐露了真心话：因为孩子是假的。

你所付出的任何努力都是为了自己的获得。你可以选择多投入,也可以选择不投入。但前提是你知道这一选择所带给你的不同的结果。多投入可以获得多回报,不投入则绝无回报。所以对待事业要具有像对待自己亲生孩子一样的敬业精神,只有这样才会创造出令人惊叹的成绩。

敬业,是一名优秀员工身上所必备的品质。"敬业"两字包含的内容很广,勤奋、忠诚、服从、纪律、责任、关注等都涵盖其中。一个人如果敬业,那么他就会变成一个值得信赖的人,一个可以被委以重任的人,这种人永远不会失业。

相反,缺乏敬业精神的员工在做工作时总是抱着应付了事的心态,不会努力去把自己的工作做得尽善尽美。这样的员工视工作为负担,并对工作产生消极的情绪,在工作中自然找不到乐趣,从而失去了很多提升自己的机会。

在现代社会,商品竞争日益激烈,从某种程度上讲,一个公司的员工的敬业程度决定了其生死存亡。要为顾客提供优质服务,要创造优秀产品,就必须具备忠于职守的职业道德。但是,总有一些人,工作时游手好闲,偷工减料,在他们的脑海中根本没有敬业二字,更不会把职业当做一项神圣的使命。

敬业就是要尊重自己的工作,工作时要投入自己的全部身心,甚至把它当成自己的私事，无论怎么付出都心甘情愿，并且能够善始善终。敬业要求员工以认真的态度完成每一项任务，不论任务难易，不论个人利益的高低，不论他人的态度怎样；敬业要求员工做好每一份工作，在工作中体会那或多或少的自我提高和成功的快感。

对待工作，员工一般会有两种心态，一种是"要我做好"，另一种是"我要做好"。被动地做和主动地做，所得到的结果往往有天壤之别。认为自己只是为别人打工的员工，在工作中就不会尽心尽力，工作对于他们来说只是挣钱的一种手段，做得"差不多"就行了；而把工作当成自己的事业来做的员工，就会带着百分之百的敬业态度来对待自己的工作，这样的员工往往也更能充分发挥自己的能力，获得更多的晋升机会。

爱岗敬业是我们常常听到的一句口号，简单的四个字，虽然说起来总有那么一点公式化的感觉，可是在实际生活中却还真的不可忽视。如果一个人连起码的敬业精神都没有，又怎能赢得上司的信任呢？

具有强烈敬业精神的员工，会把工作本身看做一种神圣的使命，每天都会有源源不断的动力驱使他们主动地干好每一件事情。只要你能时刻将敬业视为一种美德，干一行爱一行，对工作尽心尽力，你就能找到通向成功之路的秘诀。

05 不要陷入失败的痛苦不能自拔

有一个老人特别喜欢收集古董，一旦碰到心爱的古董，无论花多少钱都要想方设法地买下来。有一天，他在古董市场上发现了一件向往已久的古瓷瓶，于是花了很高的价钱把它买了下来。他把这个宝贝绑在自行车后座上，兴高采烈地骑车回家了。谁知由于瓷瓶绑得不牢靠，在途中，瓷瓶从自行车后座上滑落下来，摔得粉碎。

老人听到清脆的响声后居然连头也没回就继续向前骑车。这时，路

边有热心人对他大声喊道："老人家,你的瓷瓶摔碎了!"老人仍然头也不回地说："摔碎了吗? 听声音一定是摔得粉碎,无可挽回了!"不一会儿,老人家的背影就消失在了茫茫人海中。

生活中,每个人都会遭遇各种失败,有时候面对失败,即使你顿足捶胸也无可挽回。与其陷在失败中痛苦,不如从这些错事、弯路或挫折中吸取经验教训,调整航向,面对新生活。

英国政治家兼诗人李顿写道:

"在青年人的辞典中,根本没有'失败'这个词!"

成就大业不是那么轻而易举的事,要付出心血和代价,所以做事要谨慎小心,不可疏忽大意,一旦失败,要能够经受住失败的考验。失败所造成的严重后果,往往不在于失败本身,而在于失败者对失败的态度。聪明的人能在失败中吸取教训,处失败于泰然,知道自己失败之后应该怎么做。愚蠢的人只会一再失败,而不能从中学得任何经验。能从失败获得教训的人,才能建立更强的自信心,直面错误并积极改正,继续努力,这样才会获得成功。如果一遇到失败就诚惶诚恐,不知所措,这样的人是不会有什么作为的。

对人生美好的东西心存感激容易理解,而对失败心存感激,却是只有大智大勇的人才能够做到的。

爱迪生有句名言："失败也是我需要的，它和成功一样对我有价值。"如果你能从失误中领悟一条或几条经验，那么这个错误就没有白犯。

"我们白白花费了很多时间，"助手对爱迪生说，"我们已经试验了2万次，仍然没有找到能做白炽灯灯丝的东西！"

"不！"爱迪生回答说，"我们已经知道有2万种不能当白炽灯灯丝的东西了。"

这种精神使爱迪生最终发现了钨丝，并发明了性能良好的电灯，从此改变了人类的照明历史。

人人都想成功，因此人人都有可能遭遇失败。面对失败，最重要的是做个输得起的人。怨天尤人不会带来好运，相反，这样做会让人觉得你是个输不起的人，所以，失败后仍要保持风度，卧薪尝胆，以图再次创业的成功。

美国著名成功学家温特·菲力说："失败，是走上更高地位的开始。"许多人之所以获得最后的胜利，只是受恩于他们的屡败屡战。对于没有遇见过大失败的人，有时反而让他不知道什么是大胜利。通常来说，失败会给勇敢者以果断和决心。

有些失败转眼就会被我们忘记，有些失败却能给我们留下深深的伤痛。但是，不管怎样，不要陷入失败的痛苦不能自拔，失败了，要勇于放弃导致你失败的那条路，果敢地为自己重新选择一条通向成功的路。

06　有想法还要有行动

很多年前，一位很有才气的教授想写一本传记，专门研究当时一个名噪一时的人物的逸事。这个主题新鲜生动，人们非常感兴趣，再加上这位教授本身的知名度，项目一旦运作成功，将会产生巨大的舆论效应和商业价值。

　　然而，一年之后的朋友聚会上，当他最要好的一位朋友问他这本书是否快要大功告成时，他犹豫了一下，然后有些尴尬地解释说，最近实在太忙了，有许多重要的工作需要处理，没有多余的时间和精力去写这本书。此后不久，另一位不知名的学者精心策划创作的同一题材的书问世了。经过一定的宣传之后，该书成了当时社会上的热门话题，并荣登亚马逊书店畅销书排行榜第 4 名达 5 个月之久，而这位不知名的学者自然也成了名人。此时，那位"腾不出时间和精力"的教授方才感到后悔。因为没有立即将自己的良好设想付诸行动，葬送了一次难得的商机——同时也是事业机会。

　　要取得成功，不光只靠智慧，还要靠行动。如果自己光凭脑子想，而不付诸行动，那么永远也不会成功。

　　"万事俱备"的确可以降低出错率，使目标更容易达成，但它也更容易让你失去成功的机会。企盼"万事俱备"后再行动，你可能永远都不会有"开始"，因为世界上永远没有绝对完美的事。"万事俱备"只不过是"永远不可能做到"的代名词。

　　懒惰的人总是抱怨上天不给他机会，其实是他们没有把握住机会。勤劳的人在机会到来时总是立即行动，他们甚至主动寻找机会，主动创造机会。对于勤劳的人来说，行动起来就可以抓住身边的财富。

　　事在人为的道理很多，但真的一旦要付诸行动，人们仍然不免犹豫不决，顾虑重重，不知所措，无法定夺何时开始……时间一分一秒地浪费了，由此陷入了失望的情绪里，最终只有以懊悔面对悬而未决的工作和悄然溜走的机会了。

　　很多时候，你若立即进入工作状态，就会惊讶地发现，其实自己有足够的能力去改变那些表面上看起来很复杂的工作，改变那些看似不利的条件。而且，许多事情你若立即动手去做，就会加大成功的几率。

　　拿破仑说："想得好是聪明，计划得好更聪明，做得好是最聪明又最好。"再绝妙的想法，如果没有可以执行的方法，也只是痴人说梦，没有任何价值。

爱默生曾说："去吧，把你的愿望化为实际行动！"这句话对许多人的人生产生了很大的影响。

福特，这位号称美国"汽车大王"的工商业巨子，说得更简单："不管你有没有信心，去做就准没错！"

有许多人这样问过美国著名作家、教育家、《心想事成法则》的作者墨菲："我已经如你说的那样，每天想着良好的愿望和美丽的事情，但是依然没有出现好的结果，这是为什么呢？"

墨菲回答说："这是因为你们没有把行动的力量发挥出来。根据生命定律，命运的门关闭了，潜意识会为你开启另一道门。所以我们应该积极寻找那道敞开的门；而在这扇幸福之门面前向你招手的，就是'行动'。只有不停地从事有意义的行动，我们才能从不幸的境遇中解放出来，最终实现自己的愿望。"

成功并不需要你知道多少，而是依靠你做了多少，所有的知识、计划、心态都要付诸行动。不管你现在决定做什么事情，设定了多少目标，你一定要马上行动。

一旦你有了想法，就不要给自己留退路，在制定好计划以后你就没有了退路，惟一的选择就是立即行动。成功者必是立即行动者。对于他们来讲，时间就是生命，时间就是机遇。只有立即行动才能挤出比别人更多的时间，比别人提前抓住机遇。

07　心中有志气

在美国纽约的一个大广场上，有一个卖气球的老人，老人手里拿着一把五颜六色的气球。每当生意不好的时候，他就向空中放出一只色彩鲜艳的气球，于是就会招来一大批的购买者。

这时，一个小男孩跑到老人的面前，看着老人把一只黑气球放飞了，

他好奇地问："老爷爷,怎么黑色气球也能飞上天呀?"

老人慈爱地摸着小男孩的头说："孩子,气球能不能飞上天,跟颜色没有关系,要紧的是它肚子里有一口气呀!"

任何一名业务员,不管你出身贵贱,学问高低,相貌美丑,只要你心中藏着一股气——一股不会泄的志气,你就能飞上天,成为一颗耀眼的销售之星。

每个人都希望有安逸的生活,不过,鸿鹄之志,跬步之积,人各有志。成功的人都是先立志后奋发,不畏惧痛苦,这样才能有所成。人穷一点没有关系,只要有志气,依旧可以享受幸福的阳光。

做人贵有志,但许多"有大志"者往往为觊觎林中的一只鸟,而让自己手中的一只鸟安然逃脱。

"有志者事竟成"这句话说得很好,古今中外通过艰苦奋斗而成功的英雄豪杰都可以证明。

俗话说:"鸟贵有翼,人贵有志。"志向对成功尤其重要。无志则漫不经心,停滞不前;有志则生机勃勃,勇往向前。立志能够使自己有一个明确的奋斗目标，然而这个志向不能脱离实际，只有从自身实际出发的志向才能发掘自己无限的潜能。

孔子说："三军可夺帅也，匹夫不可夺志也。"志，是人生的坐标、向上的动力、精神的支撑、行为的准绳。志，就是志向和理想。任何一位有所成就的人，都是由树立远大理想开始的，经过不懈努力，最终取得成功。志向和理想就如同加速器，在放慢脚步时，提供给人以能量和力量；志向和理想就如同划破黑暗的光点，提供了前进的方向；志向和理想就如同一扇窗，提供了了解未来的一双眼。一个人有了志向，生活就有了希望。

然而理想必须是可实现的理想。理想通常有两种：一种是"可望而不可攀，可幻想而不可实现的"。另一种是"一个问题的最完美的答案"，或是"可能范围以内的最圆满的解决困难的办法"。这两种理想的区别在于一个蔑视事实条件，一个顾及事实条件；一个渺茫无稽，一个有方法步骤可循。严格地说，前一种是幻想、痴想而不是理想，是理想都必须考虑现实。在理想与现实起冲突时，错处不在现实而在理想。我们不能改变现实，只能改变理想。坚持一种不合理的理想至死不变只是匹夫之勇。

我们固然要立志，同时也要度德量力。卢梭在他的教育名著《爱弥儿》里有一段话，意思是说人生幸福源于愿望与能力的平衡。一个人应该从幼时就学会在自己能力范围以内产生愿望，想自己所能做的事，也能做自己所想做的事。这番话非常值得我们仔细体会，也是经验之谈。许多烦闷，许多失败，都起于想做自己所不能做的事，或是不能做自己所想要做的事。

正所谓：志不立，天下无可成之事，虽百工技艺，未有不本于志者。心中有志，志在追求。只有如此，我们才能拥有人生的可贵，人生的真谛，人生的永恒！

08　永远不放弃

有一位刚毕业的大学生,到一家在世界上都非常有名的公司里去应聘。总经理感到疑惑不解,因为公司并没有刊登招聘广告。年轻人解释说自己是偶然路过这里,便想进来试试。总经理觉得这个年轻人很有趣,破例给他了一次面试的机会。但面试的结果却让总经理非常失望。年轻人对总经理说这是因为事先没有任何准备的缘故。但总经理觉得他不过是给自己找个借口而已,就说:"那等你准备好了再来吧。"

一周后,年轻人再次走进这家公司的大门,这次仍没有通过面试,虽然这次他的表现比上次好些,但距公司的用人标准还相差很远。就这样,在两年的时间里,这个年轻人先后8次踏进这家公司的大门,最终被公司录用。总经理对他这种坚持不懈的精神所感动,把他作为公司的重点对象来培养。

正是因为有着永不放弃的精神,才造就了无数的成功人士。

有一位商人子承父业做珠宝生意,但他缺乏父亲对珠宝行业的明察秋毫,没几年就把父亲留下的珠宝店赔光了。

后来他改行做起了服装生意,但最终又因无法把握市场潮流而赔得精光。后来他变卖了服装店,用剩下不多的资金开了家饭店,结果又亏了本。再后来他又尝试做了化妆品生意、钟表生意、印染生意,都无一例外地失败了。

这时他已两鬓灰白。他盘算了一下自己的家底,所有的钱仅够买一块离城很远的墓地。他想,既然自己再无能力创造财富,就买块墓地给自己吧。

这是一块极其荒僻的土地,离城有5公里,不用说有钱人,即使是一些穷人也不买这样的墓地。

可是奇迹发生了，就在他办完这块墓地产权手续后 15 天，这座城市公布了建设环城高速路的规划。他的墓地恰处在环城路内侧的一个十字路口，因而涨了好多倍。他先是惊讶，后来顿悟，为什么不做房地产生意呢？他卖了那块墓地，又购进了一些有升值潜力的土地。5 年之后，他成了全城最大的房地产业主。

"坚持就是胜利"人人都知道，但在遇到挫折时很多人都会忘记。

进取心是成功的根本，没有一种向上向前的进取态度，任何成功都无从谈起。但进取既要有即知即行的"道根善骨"，也要有坚持到底的毅力。

许多人做事情，起初都能够付诸行动，但是，随着时间的推移、难度的增加，以及气力的耗费，大多数人便开始产生松懈思想和畏难情绪，接着便停滞不前以至退避三舍，最后放弃了努力。

的确，一些人之所以没成功，并非他们没有努力，而是他们在遭遇到困难之后，在接近成功的时刻放弃努力了。而最后成功的人，总是抱着"成功就在下一次"的信念，继续努力，最终柳暗花明。

著名作家歌德说过："不苟且地坚持下去，严厉地驱策自己继续下去，就是我们之中最微小的人这样去做，也很少有人不会达到目标。因为坚持的无声力量会随着时间而增长到没有人能抗拒的程度。"

成功的到来，总是需要时间的，因此坚持就显得极其重要了。有的人成功，就因为他比别人多坚持了一下；另一些人失败，也只是因为他没能坚持到最后。

事实上，每遇到一次挫败，就动摇一次信心，这是人之常情。但是伟人之所以与凡人不同，就在其动摇信心的同时，会说服自己再次树立信心。

许多历经挫败而最终成功的人，他们所经历"熬不下去"的时候，比任何人都要多。但是，即使感到"已经熬不下去"时，也不会放弃，咬咬牙坚持下去，虽然是愈战愈败，但依然愈败愈战，终于在最后一刻，看到了胜利的曙光。

其实，当你已经下定决心为自己的目标奋斗下去时，就连艰辛的付出也会变得让人心旷神怡。但如果只是浅尝辄止，畏惧退缩，你所能得到的只是一连串的沮丧和失意。最后，你甚至会失去生活和工作的乐趣。

因此，人生的"关键"时刻，往往是生命的紧张和痛苦汇集到一起来的时候，你必然会比平时感到加倍难受。但这是好事而不是坏事。如果缺少生命颤抖般的战栗和挣扎感，那就意味着你还没有触及成长的关键点，最终难以有所成就。所以，你要勇于承担那种"建设性痛苦"。

1948 年，牛津大学举办了一个"成功秘诀"讲座，邀请丘吉尔前来演讲。当时，他刚刚带领英国人赢得了反法西斯战争的胜利。他是在英国人最绝望的时期上任的。他不仅是一名杰出的政治家，而且是一个著名的演讲家。

新闻媒体早在 3 个月前就开始炒作，大家都对他翘首以盼。这天终于到来了，会场上人山人海。大家都准备洗耳恭听这位伟人的成功秘诀。

不料，丘吉尔的演讲只有短短的几句话：

"我成功的秘诀有三个：第一是，决不放弃；第二是，决不、决不放弃；第三是，决不、决不、决不能放弃！我的讲演结束了。"

说完就走下了讲台。会场上鸦雀无声。一分钟后，会场上爆发出了雷鸣般的掌声……

这是一个何等震撼人心的总结啊！

卡耐基曾说："朝着一定目标走去是'坚'，一鼓作气地在途中决不停止是'持'。一切事业的成败都取决于此。"失败者的悲剧，就在于被前进道路上的迷雾遮住了眼睛，他们不懂得坚持一下就会豁然开朗，结果在胜利到来之前的那一刻就放弃了，因而也就失去了应有的荣誉。

09　付出越多，得到越多

甲乙两人死后来到阴曹地府，阎王查看功过簿后说："你二人前世未作大恶，准许投胎为人。但是现在只有两种人可供选择：付出的人与索取的人。也就是说，一个必须过付出、给予的生活；另一个则必须过索取、接受的生活。你们可要慎重选择。"

甲暗忖，索取、接受，就是坐享其成，太舒服了。于是他抢先道："我要过索取、接受的生活！"

乙见此情景，也没有别的选择，就表示甘愿过付出、给予的生活。

阎王按其所愿，当下判定二人来世前途："甲过索取、接受的人生，下辈子当乞丐，整天向别人索取，接受别人的施舍。乙过付出、给予的人生，来世做富翁，布施行善，帮助别人。"

只有乞丐才会整天向人索取，接受别人的施舍。要想拥有成功、财富、机遇和名誉，要想使自己的一生有意义，就必须不断地付出和给予。

可是在现实生活当中，人们更喜欢索取而不是付出。他们总希望能找到一份不用出力、没有任何风险，却能得到高薪酬的工作；他们总希望顾客能够对自己企业生产的质次价高的产品毫不犹豫地掏出钱包……一旦其愿望无法达成，他们就抱怨老总太苛刻，抱怨客户太难缠。殊不知，只有付出了自己的时间、精力、知识、汗水甚至鲜血，才能够收获成功和赞扬。

一个盲人在夜晚走路时，手里总提着一个明亮的灯笼。别人看了很好奇，就问他："你自己看不见，为什么还要提灯笼走路？"盲人说："我提着灯笼并不是给自己照路，而是为别人提供光明，帮助别人。我手里提上灯笼，别人也容易看到我，不会撞到我身上。这样就可以保护别人的安全，也等于帮助自己。"

"只有付出光明,才能收获安全。"这就是生活的真谛。不管是实现个人成长,还是成就企业辉煌,只有播下付出的种子,给人以你所能给予的,才会获得你想要的。

付出、给予,是我们立身成人之本。我们懂得付出,就永远有可以付出的资本;我们贪图索取,就永远有索取的企求。付出越多,收获越大;索取越多,收获越小。

职场上,有些人总是将个人利益与集体利益之间的界线划分得一清二楚,他们在工作中总是表现出一副例行公事的架势,只知道获取一分报酬才付出一分努力。

这种自私自利一开始可能只是为了争取个人的小利益,但久而久之,当它变成一种习惯时,就会使人变得心胸狭窄。这不仅会对老板和公司造成损失,更会扼杀你的创造力和责任感。

付出多少,得到多少,这是一个基本的社会规则。也许你的付出没有立刻得到回报,但不要因此气馁,一如既往地付出,回报可能会在不经意间以意想不到的方式出现。

有些人通常会想:"公司和老板为我做了些什么?"而那些富有远见的人则会想:"我能为老板做些什么?"付出与回报永远是对等的。如果只想要丰厚的收获,却吝于付出,其结果只能得不偿失。所以,要想取得成功,必须付出更多,才能获得更多。

有些人总是以一种消极被动的心态来对待工作,上班工作懒懒散散,下班回家也无所事事。他们不是没有自己的追求,而是一遇到困境就半途而废,因为他们缺乏一种精神支柱。

但有的人却能以积极乐观的心态对待工作,全力以赴,不计较眼前的一点利益,不偷懒混日子,即使他现在的薪水十分微薄,将来也一定会有所收获。注重现实利益本身并没有错,问题在于现在的一些员工目光短浅,他们忽略了个人能力的培养,在现实利益和未来价值之间没有找到一个平衡点。

只有付出越多,收获的才会越多。只要你懂得如何去付出,上苍就会

赐给你一份"惊喜"的大礼，如果想不付出就有收获，想不劳而获，那只能是异想天开。

10　不要停住前进的脚步

有一个人很爱下棋，常与街坊四邻用瓦盆做赌注，他的棋艺不错，所以总能赢得很多瓦盆。一个财主知道后，要他拿着自己的黄金做赌注和一些达官贵人们博弈，以便帮助自己赢得更多的黄金。但结果却出乎所有人的意料，他大败而归。财主很生气，问他为何输多赢少，他说："并非达官贵人棋艺精湛，实际上他们还不如我的邻居们一半的棋艺。问题的根源在于赌注是黄金而不是瓦盆。"

人们可能会问："为什么用瓦盆做赌注，技艺可以发挥得淋漓尽致，而用黄金做赌注，则大失水准呢？"

其实这是一个很简单的道理，如果做事过度用力或意念过于集中，本来可以轻松完成的事情却可能被弄糟。太想写好字时手总在颤抖；太想踢进球时脚总不听使唤；太想尽快打印出文件时总出错误；太想向老板汇报完工作时总紧张得说不出话；太想率领企业抓住千载难逢的市场机会时总是决策失误……

我们应该把成功作为一种激励我们向前的动力，而不应让它成为捆绑在我们身上的沙袋。所以，不管什么时候，心态都要平和，因为太在乎、太看重的最终结果就是失去了做出判断的果敢和继续前进的勇气。

成功不仅需要有热情和激情，更需要有平和恬淡的心态。只有把黄金当做瓦盆，把糟糕的后果看做与己无关，才不会受到巨大的牵累和莫名的恐惧的羁绊。

当你被急功近利的心态所控制时，当你面临严峻的考验，紧张得手心出汗时，请告诉自己：水穷之处待云起，危崖旁侧觅坦途。

人总是有惰性的，有一些人取得了一定的业绩和荣誉之后，就会在光环的照耀下停止了前进的脚步，信念逐渐消失，期望慢慢降低，勇气渐渐减弱，积极和敏锐变成了懒散与麻木。

大凡在事业上有所建树的人都同贝利一样，有着永不满足、不断进取的精神。

"球王"贝利在足坛上初露锋芒时，有个记者曾问他："你觉得，自己哪个球踢得最好？"

他回答说："下一个！"

当贝利在世界足坛上大红大紫、踢进 1000 个球之后，记者又问他同样的问题，而他的回答仍旧是："下一个！"是的，人生最精彩的部分永远是在下一次。永远对未来充满憧憬，才能以更好的心态去面对、去希望，然后用这种满怀希望的心态做事，才能取得更大的成就。

在面对工作、事业时，我们也应该以这样一种平和的心态来面对，只有这样才能在下一次的竞争与挑战中取得更为辉煌的成就。

对于尽职尽责的人来说，卓越是惟一的工作标准。他们不会满足于现在所做到的，而是追求更高的目标，更高的位置，为他人创造更多的价值。每个人的身上都蕴涵着无限的潜能，如果你能在心中给自己定一个较高的标准，激励自己不断超越自我，那么你就能摆脱平庸，走向卓越，走向下一次更大的成功。

纳迪亚·科马内奇是奥运会史上第一个赢得满分的体操选手，在1976年蒙特利尔奥运会上她用近乎完美的表现征服了所有的裁判和观众，让整个世界为之疯狂。

比赛结束后，纳迪亚·科马内奇在接受采访时，谈到为自己设定的标准，她说："我总是告诉自己，'我能够做得更好'，鞭策自己更上一层楼。要拿下奥运金牌，就要比其他人更努力才行。对我而言，做个普通人意味着必定过得很无聊，一点儿意思也没有。我有自创的人生哲学：'别指望一帆风顺的生命历程，而是应该期盼成为坚强的人。'"

一个人只要不停止前进的脚步，有改变自我、改变现状、追求进步的勇气，就一定能够让自己的生活变得充实起来，使自己的人生价值得到实现。

平庸的人之所以平庸，在于他们有一个平庸的标准。只有把卓越当成自己的标准，不断告诉自己"我一定能够做得更好"，才能鞭策自己不断进步，充分施展自己的才能，将工作做得尽善尽美。

11　学会宽容与自我解嘲

有一次，在一座横在小溪上的狭窄木桥上，两只顽固的山羊正好相遇。它们同时走过去是不可能的，必须有一只退回去，让出路来让对方先过去。

一只山羊说："你得给我让路。"

"为什么？好大的老爷架子！"另一只山羊回答说，"你往后退！是我先上桥的。"

"不行！我年纪比你大几岁哩，要我让你这个还要妈妈喂奶的孩子，那是不可能的事！"

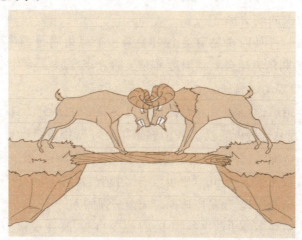

两只山羊都非常气愤，将细细的蹄抵在木桥上，就角对角打起架来了。

可是木桥是湿的，两只互不相让的山羊脚下一滑，就一起掉到水里去了。

古代有一个人自视不凡，一向不敬重司徒蔡谟。有一天，他和一位朋友同去蔡谟家做客，交谈中提及官府中有买卖官位的人，便问蔡谟买一个司徒官位要花多少钱。他的朋友也语出不恭，随声附和追问。

蔡谟并未恼怒，而是推说自己记忆不好，不记得捐给皇上多少钱，改日上朝替他俩问一下皇上，封一个司徒这样的官位要收多少捐银。他自知无趣，又转移话题问蔡谟跟贤士王夷甫相比如何，蔡谟立即回答自己不如王夷甫。他以为有机可乘，便追问蔡谟何处不如王夷甫，蔡谟回答：王夷甫身边没有你们这样的人。蔡谟用机智和自嘲的方式化解了当时的不利情形，也为对方保住了面子。

在人生的旅途上，几乎每个人都会遇到一些让人难堪的场面。这时你如果能沉着应对，学会宽容别人，甚至用自嘲保卫自己，就会变被动为主动,保持心理平衡。比如:当你在经济上受到不合理的待遇时;你的生理缺陷遭到别人的嘲笑时;在某些行为不被别人理解时。如果是一些非原则性的问题,可以装装糊涂,为心灵增加一层保护膜。在时机适当时也可以如蔡谟一样,反戈一击,还以颜色。

学者周国平曾说过:自嘲使自嘲者居于自己之上,从而也居于自己的敌手之上,占据了一个优势的地位,使敌手的一切可能的嘲笑丧失了杀伤力。

自我解嘲是人们心理防卫的一种形式,是生活的艺术,是一种自我安慰和自我帮助,也是对人生挫折和逆境的一种积极、乐观的态度。会自我解嘲的人,一定有一种大度和宽容。

美国幽默作家霍尔摩斯有一次出席一场会议,出席人中他是身材最为矮小的人。"霍尔摩斯先生,"一位朋友脱口而出,"你站在我们中间,是否有'鸡立鹤群'的感觉?"霍尔摩斯反驳了他一句:"我觉得我像一堆便士里的铸币。铸币面值 10 便士,但比便士体积小。"

当别人对你不恭时,如果你大发雷霆去极力辩解,这是不明智的做法。自我解嘲不仅能赢得他人的尊重,反而会让人觉得你容易相处,给对方一种轻松感,从而使沟通气氛变得更加和谐,更有利于沟通活动的顺利进行。

当年里根总统执政的时候,有一次在白宫举行钢琴演奏会招待来宾。正当里根在麦克风前致辞时,夫人南希一不小心连人带椅子由舞台上跌到台下,全场来宾都站起来惊呼。还好地上铺了厚厚的地毯,南希立刻很灵活地爬了起来,又重新回到舞台上去。观众以很热烈的掌声为她打气。

中断了演讲的里根,在确定了夫人没有受伤之后,清了清喉咙说:"亲爱的,我不是告诉过你,只有在观众不给我掌声的时候,你才可以做这种表演吗?'

还有一次,加拿大总统特鲁多邀请美国总统里根到加拿大访问。正当里根在多伦多的一处广场上演讲时,远处有一群示威民众,不时高呼反美口号,打断了里根的演说。

碰到这样的场面让特鲁多总统十分尴尬,面对远道而来的客人,他不知如何是好,只好频频向里根道歉。没想到里根总统却说:"这种情况在美国是屡见不鲜的,这一群人一定是从美国白宫前面来到这里的,他们是想让我觉得来到这里就像是在家里一样。"

一句幽默的话很快就化解了特鲁多总统满脸的尴尬。

自我解嘲的一条重要原则,就是取笑自己,创造幽默氛围,以摆脱自己的尴尬处境。英国作家杰斯塔东是个大胖子,由于"体积"过大,行动往往不太方便,但他并不以胖为耻。有一次他对朋友说:"我是个比别人亲切三倍的男人。每当我在公共汽车上让座时,便足以让三位女士坐下。"

林语堂说过:"智慧的价值,就是教人笑自己。"在现实生活中,拿自己的错误、缺点开开玩笑,不仅能展示自己良好的心态,缩短与他人的距离,而且能充分表现出自己非凡的气度和超群的智慧。善于自我解嘲不仅能让你在尴尬的境地中超然走出来,也能让他人了解你的智慧和善意,还能更好地与他人沟通交流。因此,学会自我解嘲,培养幽默感,对每个人来说都是非常重要的。

12 强大自己,不战而胜

一位自以为稳操胜券、一定可以夺得冠军的搏击高手却输掉了最为关键的一场比赛。他愤愤不平地找到自己的师父,"我一直在寻找对方招式中的破绽,可根本找不到,而他却能找到我的破绽。"他不服气地说。他请求师父帮他找出对方招式中的破绽,并下定决心:"我一定要根据这些破绽,苦练攻克对方的新招,在下次比赛时打倒他。"

师父听后笑而不语,而是在地上画了一条线,要他在不能擦掉这条线的情况下,设法让这条线变短。

他百思不得其解，最后向师父请教。

师父在原先那条线的旁边，又画了一条更长的线。两条线相比较，原先的那条的确短了许多。

师父说："夺得冠军的关键，不仅仅在于如何攻击对方的弱点。正如地上的长短线一样，只有你自己变得更强，对方才会在相比之下变弱。如何使自己变得更强，才是你需要苦练的根本。"

在获取成功的道路上，我们会遇到无数的坎坷和困难。要想跨越障碍、征服困难，我们只有两种选择：

一是找出对手的薄弱环节去攻击。正如故事中的那位搏击高手意欲找出对方的破绽并给予对方致命的一击一样，用最直接、最锐利的战术或技巧来快速解决问题。

而另一种就是像故事中的师父提供的方法，全面增强自身实力，在人格上、知识上、智慧上、实力上使自己变得更加成熟，变得更加强大。

前一种选择是比较简单的，因为这只需要我们在某一方面或几方面做出努力；而后一种选择则困难得多，要求自己必须了解、正视自己的弱点与不足,全面地提高自己的实力。

　　正是由于前者易而后者难,所以我们在遇到困难时更多地选择的是前者。比如,在市场中,我们总盯着竞争对手的薄弱环节,并在适当时机采取措施给予其切中要害的一击。这样做固然有利于克敌制胜,但有一个致命的弱点,那就是我们自身也有软肋,别人也会利用相同的战术打败我们。所以,真正能够帮助我们自己或者企业取得成功的是让自己强大起来。当你全面地充实和提高了自己之后,你会发现,许多问题已经不攻自破、迎刃而解了。

　　不战而屈人之兵,才是最高明的竞争手段。作为一个企业,当你的产品和服务拥有极好的口碑,拥有良好的信誉的时候,竞争对手的拙劣动作对你不会有丝毫的影响。智者的成功之路就是:强大自己,不战而胜。

13　珍惜你此刻所拥有的

　　有一个富人,在一次赌博中输光了所有的钱,而且还欠下了债务。无奈之下,他卖掉房子、汽车,还清了债务,虽后悔莫及,但却为时已晚。

　　这时的他,孤独一人,无儿无女,穷困潦倒,只剩下一只心爱的狗和一支笛子与他相依为命。在一个大雨滂沱的夜晚,他找到一个避风的茅棚。他看到里面有一块干净的石板,于是他坐在上头,拿出他的笛子吹起来,想借此聊以自慰。但是当他把笛子拿出来时,却发现因为连日来的阴雨天气,笛子已经被虫蛀得快腐烂了。这位孤独的人陷入了绝望之中,他甚至想到了结束自己的生命。但是,站在身边的狗给了他一丝慰藉,他无奈地叹了一口气沉沉地睡去。

　　第二天醒来,他忽然发现心爱的狗死在了门外。抚摸着这只相依为命的狗,他突然决定要结束自己的生命,因为他觉得世间再没有什么值得他留恋了。于是,他最后扫视了一眼周围的一切。这时,他发现整个村庄到处是尸体，一片狼藉。很明显，这个村昨夜遭到了匪徒的洗劫，整个村庄一个活口也没留下来。

看到这个可怕的场面，他不由得心念急转，啊！我是这里惟一幸存下来的人，我一定要坚强地活下去。此时，一轮红日冉冉升起，照得四周一片光亮，他欣慰地想，我是这个村庄里惟一的幸存者，我没有理由不珍惜自己。虽然我失去了心爱的狗，但是，我得到了生命，这才是人生最宝贵的。

他怀着坚定的信念，迎着灿烂的太阳又出发了。

记得有人说过，不是每个人都有机会重新站在当初的十字路口。昔日飘去的白云，昨日流逝的阳光，若不曾珍惜，今日将只剩下懊悔。但是生活中总有一些人，老是望着"这山还比那山高"，总是认为自己所拥有的一切还不够好：工作不如别人的有趣，爱人不如别人的能干，孩子不如别人的聪明，房子不如别人的宽敞，车子不如别人的高档……于是一直拼命地去争取好东西，然后又不断地发现更好的，如此永无穷尽。

眼里能看见高山，这不是什么坏事，人生怎么能停止追求呢？但追求的过程不应该太过匆忙。如果你在寻找花园的路上，把路边的花朵当做小草一样漠视的话，等你真的找到花园的时候，你的鼻子还能闻到花的香气吗？你的眼睛还能发现花的美丽吗？或许到那时，花园在你眼中已经变成平凡的草地了。

我们应该期待那些未得到的、更美好的东西，但同时，我们更应该珍惜手中所拥有的。这样我们的心情才能舒畅，我们才能活得充实、过得洒脱。我们只有用目光去注视我们所拥有的才能发现自己是怎样的幸福。

我们是在一个个的压力与痛苦中慢慢学会坚强、慢慢变得成熟的。生命混合着我们必需品尝的酸甜苦辣，唯有经历过苦难，我们才会坚强，从而更加珍惜所拥有的一切。

很多人不喜欢自己的工作，是因为他们没有真正地注视过自己的工作。当你对一件事情或一样东西完全不熟悉时，你怎么可能喜欢呢？所以实际上，他们根本不用换工作，只要注视自己的工作，了解自己的工作，就会发现这份工作多么有意义，多么适合自己。

实际上，那山高了这山是凡大俗于的观点，在智者眼中，所有的山都是一样高的。你能说那个在地下通道中边弹边唱并怡然自得的男孩比那些在维也纳的金色大厅里演奏的人卑微吗？不，他们是平等的，因为他们一样的快乐着。

其实，人世间并没有什么高贵与卑贱之分，只有智慧和愚蠢之别。能够在艰难的跋涉中享受花香和清风的人，才是有智慧的人。

第五章

05

克服行动的大敌，使成功提前到来

一只瓶子里的跳蚤，注定无法逾越新的高度。

人有时候就像一只跳蚤，很多情况下，我们的思路被一些虚无的东西所限制，在头脑中形成一种固有的思维模式。很多时候，不是我们不想成功，而是有些事阻碍了我们的行动，阻碍了通往成功的路。

01　不要盲目相信权威

　　一个聪明的人决定开始一项冒险活动。他大胆地预测一场万众瞩目的球赛的结局（会有很多人赌球），他发出一万封信，对其中的 5000 人预测甲队胜利，而对另外的 5000 人预测甲队失败（邮费用不了多少钱，用 E-mail 更便宜）。毫无疑问，无论结局怎样，他总会说对一半。然后下一次，他又开始预测一场新的比赛，这一次他只给上次说对了的那 5000 人发信，不再理会另 5000 人，预测当然还是胜负各占一半；接着再把这个游戏进行下去……经过了四五次后，他已经在剩下的一千多人或者数百人中建立了极高的威信，那些人会说："这家伙太神了，说得这么准！"他会收到很大的反馈，许多人开始重视他的意见，随着名气的增加，会有新的崇拜者加入到队伍中来。

　　当他认为自己"专家"的威信建立起来以后，便开始收费，然后再继续向上次说对了的人群"预测"。由于"预测"的结果惊人的准确，他的铁杆崇拜者越来越多，他得到的报酬也越来越多。这个聪明人也就成了一个名利双收的大"专家"。

　　这个故事可能对众多真正的专家颇有不敬之嫌，只是姑妄言之，权作笑料而已。但在当今社会，好多队伍中都是鱼龙混杂，良莠不齐，并不能排除一些无真才实学之人披上一些诱人的外衣，以迷惑众人、牟取私利。

　　话再说回来，就是真正的专家也难免有失误的时候，尤其是类似对未来事件进行预测这类事情。专家只是意味着对现有资料、知识了解得比较充分，比较熟悉这类事情的内幕，过去曾经做出过成绩，在这个领域中有着一些超乎常人的判断力和一大堆的支持者而已，并不意味着在未来他还会完全正确。说不定他陶醉于自己的传统经验中，不善于观念创新，出错的概率反而更高呢。比如对于那些号称自己能够预测股票市场的专家,巴菲特曾经说过一句玩笑话,他说:如果他真的能够预测市场,那么即使他只有 1 美元也足以颠覆整个股市了。

再说,当一个人决心干好一件事,经过比较充分的准备,下了一定的功夫之后,尽管他原来可能只是个普通人,现在其实已具备了专家的实力和半个专家的水平,而他没有成见、大胆进取的地方可能正是专家们所欠缺的地方。人类的每一项新发明,每一次的重大突破不都是新专家突破老专家的阻力而做出来的吗?

我们可以尊重专家的意见,在此基础上前进,但千万不要把他看做是权威,看做是不可逾越的高峰,而阻碍了自己的发展。

在任何专家和权威面前都要坚守自己的信念:只相信却不迷信。更多的时候要相信自己,审时度势,下定决心后勇往直前,不断地利用自己的专长,没准儿你也能成为专家。

02 打破思维定势

在美国一所大学里,曾做过这样一个著名的试验:把六只蜜蜂和六只苍蝇同时装进一个玻璃瓶中,然后将瓶子扳倒平放,让瓶底朝着窗户。

这时就会看到,蜜蜂不停地想在瓶底上找到出口。它们不停地在瓶底处慌乱地转动着,一直到被累死在瓶底;而苍蝇则在不到两分钟之内,穿过另一端的瓶颈逃逸一空了。

由于蜜蜂对光亮的喜爱,它们以为,"房子"的出口必然在光线最明亮的地方,于是它们就不停地重复着这种"合乎逻辑"的行动。然而,正是由于它们的智力和经验才导致了它们的死亡。

而那些看似"愚蠢"的苍蝇则全然不在意逻辑关系,不在意光亮的方向,四下乱飞。结果误打误撞碰上了"运气",这些"头脑简单者"在"智者"消亡的地方反而顺利地得救,获得了新生。

同样的,我们做一件事情,越富于创造性,承担的风险可能就会越大。因此,尝试新事物、运用新方法,关键是要有勇气承担比循规蹈矩更多的风险。但不容忽视的一点是,在很多特定的时候,如果不能打破传统的思维定式,反而会使我们陷入更加危险的境地,重蹈蜜蜂的覆辙!

我们的思路往往会在头脑中形成一种思维定势。时间越长,这种定势对人们的创新思维的束缚力就越强,要摆脱它的束缚,也就越需要做出更大的努力。

无论是在生活还是在工作中,种种习惯和常规随着时间的沉淀,会演变成一种定势、枷锁,阻碍人们的突破和超越。生活中常规的层层禁锢所产生的连锁反应不止于此,而我们唯有基于解放思想束缚后所产生的巨大能量释放,才能有柳暗花明的惊喜和峰回路转的开阔;唯有敢于超越,才能赢得成功。

常规性思维是遵循固有的和普遍适用的思路和方法去思考,是一种重复前人过去已经进行过的思维过程。而生活中有许多人都习惯于这种常规性的思维定势,每天都按照自己的思维习惯思考问题和处理问题,从没有仔细地思考过这样是不是最优途径。这种思维定势限制了人的思维的自由发展,阻碍了人心理上的探索,阻止人寻找另外有价值的东西。

翻开人类历史,不难看出,人类社会的每一次大的发展和人类文明的每一次大的飞跃，都是创新推动的结果。所以说，要想有所成就，就要打破思维定势，培养创新能力。古今中外的成功人士都是有创新思维的人，模仿永远成不了真正的大师。对每个人而言，知识是当今时代生存与发展的主要凭借，而创新不仅是时代的要求，更是持续发展、不断进步的真正源泉。

培养创新思维，首先就要做好思想准备——敢于超越常规，超越传统，不被任何条条框框所束缚，不被任何经验习惯所制约。只有这样，才能产生更宽广的思绪与触觉。

那么，如何打破思维定势呢？我们可以从以下几个方面入手：

1. 拥有扎实的知识基础

知识是创新思维的前提和基础，它是对前人智慧成果的总结，离开了扎实的知识基础，就不可能顺利地开展创造性活动。

2. 不断学习和吸取新事物

要想打破思维定势，就必须不断地学习新知识、吸取新经验、接受新事物。创新思维的提升要求人们头脑清醒，不断学习吸取新事物。

3. 抓住灵感

所谓灵感，从本质上说，也是人的一种思维活动。它往往一下子闪现，可能是在睡梦中出现，也可能是在吃饭的一刹那。由于灵感不受人的思维定势的影响，常常具有新颖性。

4. 克服保守心态

一个人如果心态保守，就会对创新失去兴趣。因此，保守是培养创新思维的大敌，真正的创新需要跟保守势力作斗争。

总之，思维定势并不是不可以打破的，关键是你是否认识到自己正被困在固定的思维中而浑然不知，走出思维定势，你离成功会更近一步。

03 常问自己："你看到了什么？"

有一位父亲带着三个孩子到森林去猎杀野兔。

到达目的地以后，父亲问老大："你看到了什么？"

老大回答说："我看到了猎枪、野兔，还有森林。"

父亲摇摇头说："不对。"便以同样的问题问老二。

老二回答说："我看到了爸爸、大哥、弟弟、猎枪，还有森林。"

父亲又摇摇头说："还是不对。"又以同样的问题问老三。

老三回答："我只看到了野兔。"

父亲高兴地说："非常正确。"

一名优秀的猎人在狩猎之前必须明确自己的目标——我的猎物是什么。只有明确了目标，才可能有所收获。如果不明确自己的猎物，只是抱着侥幸心理——说不定草丛里会有兔子或其他动物——对着草丛乱放箭的话，那么他永远都不可能捕到任何猎物。

不仅猎人在狩猎前需要明确目标，对于我们每一个人，在做任何事之前都应自问："你看到了什么？"目标是事业的起点、成功的保证。没有明确的目标为指引，一切对于成功的渴望都是幻想，永远不可能实现。

目标是对于所期望成就的事业的真正决心。很多人之所以一生碌碌无为，最主要的原因就是没有为自己树立明确的奋斗目标。他们不停地向草里射箭，把自己弄得筋疲力尽，最终却一无所获。

不管你要做任何事，首先必须为自己树立明确的目标。只有明确的目标才能帮助我们提高积极性，才能避免乱射箭的情况发生。

对于没有目标的人来说，岁月的流逝只意味着年龄的增长，平庸的他们仅仅是日复一日地重复自己。没有目标，就不可能发生任何事情，也不可能采取任何步骤。如果个人没有目标，就只能在人生的旅途上徘徊，永远到不了任何地方。如何你想成为一名成功人士，那么就让目标成为点亮你自己的"北斗星"。

有人说，一个人无论现在年龄有多大，他真正的人生之旅，都是从设定目标的那一天开始的。

有这样一个故事，说的是西撒哈拉沙漠中的旅游胜地——比赛尔。

在很久以前，比赛尔是一个只能进、不能出的贫瘠地方。在一望无际的沙漠里，一个人如果只凭着感觉向前走，他只会走出许多大小不一的圆圈，最后的足迹很可能是一把卷尺的形状。一直都没有人走出去过。后来，一位青年出现了，他发现比赛尔四处都是沙漠，一点可以参照的东西也没有，于是，他找到了北斗星，在北斗星的指引下，他成功地走出了沙漠。这位青年人于是成了比赛尔的开拓者，人们给他竖立了铜像，铜像的底座上刻着一行字：新生活是从选定方向开始的。

正如空气对于生命一样，目标对于成功也绝对必要。如果没有空气，没有人能够生存；如果没有目标，没有任何人能够成功。如果你想更快走上成功之路，出人头地，那么请你选定明确的目标，给成功一个方向。

04　只要使一部分人满意就够了

有一位画家想画一幅人见人爱的画。画完之后，将画拿到市场上去展出，他在画旁放了一支笔，并附上说明：每一位观赏者，如果认为此画有欠佳之笔，可以在画中标注记号。

晚上，画家取回了画，发现整个画面都涂满了记号，没有一笔一画不被指责。画家十分不快，对这次尝试深感失望。

于是，他决定换一种方法去试试。他又临摹了同样的一幅画拿到市场上去展出。这次，他要求观赏者将最为欣赏的妙笔都标上记号。当画家再取回画时，他发现画面上又涂满了记号，一切曾被指责的笔画，都被

换上了赞美的标记。"哦!"画家不无感慨地说道,"我现在发现了一个奥妙,那就是:不管干什么,只要使一部分人满意就够了。因为,在有些人看来是丑恶的东西,在另一些人眼里恰恰是美好的。"

这则小故事告诉我们,凡事都不要苛求尽善尽美、人人满意。不管你的工作做得多好,也不可能得到所有人的认同。如果你非要顾及所有人的感受,期望得到所有人的认同,你将会感觉无所适从。

多少年以前,有一位诗人自问:"世界上有哪一个人的行为,能满足世人的所有需要和欲望?"他想了一整夜,后来他自己回答:"没有一个人做得到。"

如果你期望人人都对你满意,你必然会要求自己面面俱到。其实,不论你怎么认真努力、怎么尽量去适应他人,你都不可能做得完美无缺,让人人都满意。这种不切合实际的期望,只会让自己背上一个沉重的包袱,顾虑重重,活得疲惫不堪。

每个人都有自己的想法,每个人都有自己的观点,不可能强求统一。与其把精力花在一味地迎合、顺从别人,倒不如把主要精力放在踏踏实实做人、兢兢业业做事上。

一件事情只要尽力去做了,并且能够让一部分人满意了,这就够了。比如,当你用一种新的工作方法妥善地处理了一项工作之后,只要得到了上司的肯定和大多数同事的认同就足矣，根本不必在乎那些心怀怨气者的讽刺和挖苦。再比如，当你率领员工成功地开发出一项新产品并且得到了目标消费者、经销商等人士的认可和拥护时，根本无需理会目标市场以外的人的指责。

当然，"只要使一部分人满意就够了"，并不是让你对那些不同的意见或建议不加理会，而是在坚持自己的原则的前提下，对不同的意见加以分析和判断，吸收那些能够更好地表达自己的观点的意见和建议，并对不妥的地方加以修改。只有这样，才能得到更多的人的认同。也只有这样兼收并蓄地做出的决定才更具有科学性和合理性。

德国诗人歌德曾说："每个人都应该坚持走为自己开辟的道路，不被流言所吓倒，不受他人的观点所牵制。"我们每个人绝不可能孤立地生活在这个世界上，几乎所有的知识和信息都来自于别人的教育和环境的影响，但你怎样接受、加工、组合，需要你独立自主地去看待、去选择。我们只有常常听听自己内心的想法，而不是过多地关注别人的想法，我们才能真正地快乐。

05　先见之明比后天补救更重要

有位客人到某人家里做客，看见主人家的灶上的烟囱是直的，旁边又有很多木柴，于是，客人忠告主人说："烟囱要改曲，木柴也要移到别的地方去，否则将来可能会引发火灾。"

主人听了没有做任何表示。不久，主人家里果然失火，四周的邻居赶紧跑过来救火，最后火被扑灭了。于是，主人烹羊宰牛，宴请四邻，以酬谢他们救火的功劳，但是并没有请当初建议他将烟囱改曲、木柴移走的人。有人很不解，问他为何不请那个提建议的人。主人说："他没有帮我救火，没给我做任何事，我为什么要请他呢？"

那人对主人说："如果当初你听了那位先生的话，今天也不用准备筵席，而且也不会有火灾的损失。现在论功行赏，你不采纳并感谢当初给你提建议的人，却视救火的人为座上宾，真是很奇怪！"

主人的逻辑是：提出建议的人没有帮我做任何事，而救火的人却帮我解决了棘手的问题。他的逻辑的确让人想不明白，其实预防不比治疗更重要吗？可是有些时候你是否会和他一样呢？你会表现得比他聪明吗？

很多时候人们总是对把自己从死亡线上拉回来的医生千恩万谢，却对那些劝告自己戒烟限酒的人怒目而视；人们总是对与自己共渡难关的人大加奖励和赞扬，而对那些在危机发生之前就建议自己"改曲烟囱、移开木柴"的人没有任何表示。

人们都知道预防的重要性，可在具体行动时却总是把它忘在了脑后，而把"治疗"摆在最重要的位置，这种错误的做法也让人们付出了沉重的代价。人们之所以并未重视预防，是因为人们总抱有侥幸心理："说不定不会发生呢！"可隐患并不会因为我们的侥幸而消除，于是损失也就不可避免了。

有些人自认为自己的能力足以摆平或解决生活中或工作中遇到的各类棘手问题，所以对别人的建议一概不理不听，更视"预防"为无稽之谈。侥幸往往会蒙住我们的双眼，使我们错过避免危机的最佳时机。侥幸还会使我们盲目自大，"说不定我可以摆平呢!"结果却损失惨重。

谋事在人，成事在天。不可预知的危机、忧患可能会改变我们的计划，甚至将美好的幻想毁灭。如果事先预防好，就会避免损失或将损失降到最小。所以真正能够证明我们更加高明，更有能力的，不是"治疗"而是谨慎地"预防"。一位天下闻名的神医能开膛破肚，起死回生，救人于危难之中。但他认为自己的能力远不如二哥，因为二哥总能在病人大病初见端倪时发现并对症下药。而二哥的医术与大哥比起来又差了一些，大哥总给健康人开药方，保其一生健康。

最高明的医生总是在疾病还没有发生时，就已经将其消灭在萌芽之中了。请记住:预防比治疗更重要。

06　具备坚持到底的毅力

两只青蛙不小心掉进一户人家的牛奶桶里。

一只青蛙想:"完了，全完了! 这么高的牛奶桶，我永远也跳不出去了。"于是，这只青蛙很快就沉入桶底。

另一只青蛙看见同伴沉没了，并没有沮丧、放弃，而是不断地鼓励自己:"上帝给了我坚强的意志和发达的肌肉，我一定能够跳出去。"

这只青蛙一次又一次奋起、跳跃，不知过了多久，它突然发现脚下的牛奶变得坚实起来了。原来，经过它反复践踏和跳动，液状的牛奶已经变成了一块奶酪! 最后这只青蛙轻盈地从奶桶里跳了出来。

毅力是取得成功不可缺少的条件。当毅力与追求结合之后，便会产生百折不挠的巨大力量。其实，遇到挫折、遭遇困难并不可怕，可怕的是你没有坚持到底的毅力。

有两个人都想学习日文，其中一个特别努力，除了上课以外，还上补习班，又买了各类的辅导教材，并且每天早上起床读两个小时。而另一个

人除了上课和每天早晨读半个小时以外，就不再在日文上投入一点精力了。日子久了，前一个的补习班不上了，辅导教材也被扔到了一边布满了灰尘，至于晨读更是"三天打鱼，两天晒网"；而后一个的晨读则成了习惯，每天坚持。

最终前一个人对着自己糟糕的日文考试成绩长吁短叹，然后告诉自己："算了吧，我看我还是没有学日文的天分。"而后一个人则考取了日本公费留学。

生活中有很多类似的例子，有些人刚开始做一件事时特别兴奋，给自己制定规章、制度、计划，结果没过多久就感到疲惫，或者遇到一点困难之后，就告诉自己："算了吧，我没有天分，再努力也没用。"然后给这段努力画上一个休止符。

成功是美好的，每个人都在追求。然而，很多人认为要想取得成功，就必须有天分，而天分是上天所赋予的，不是每个人都有的。于是没有天分就成了他们放弃努力的理由。其实，成功需要你坚持不懈地去努力，去争取。有人统计过，以学钢琴为例，如果想要成为还不错的业余钢琴家，至少需要专心地投入 3000 个小时的训练；如果想达到专业水准，至少得 1 万个小时。其他的，比如西洋棋、各种运动和外语等，要想成为专业人士，至少也得拿出 1 万个小时来。

法国有一句谚语："才气就是长期坚持不懈。"任何有才能的人，都不是上天特别赋予他们的，而是他们坚持不懈地日积月累而来的。所以，我们并非缺乏天分，而是缺乏坚持到底的毅力。如果我们像照顾花草一样照顾我们的爱好和兴趣，我们都有机会获得成功。照顾花草的原则是：每天花一点点时间照料它，它就会长得很好；而如果疏忽几天，它就会出现残败之相，甚至会一命呜呼。

做任何事情，最重要的一点就是坚持。如果一开始很努力，就很容易把自己弄得很紧张，过度紧张和疲惫很容易使你半途而废。做任何事情都应该像参加马拉松比赛一样，最重要的是跑完，而不是前一段时间跑得有多快。俗话说："持之以恒，才能成功。"坚持到底、勇往直前，你就能在通往成功的道路上迈出更大、更坚实的一步。所以做任何事，贵在坚持。

07　发掘自己内心的精神力量

美国著名的心理学家德西经过长期的实验发现，当一个人从事自己感兴趣的工作时，可以在自己的身上发掘出一种自觉的、发自内心的精神力量。

每天，有许多人在茫然中上班、下班，到了固定的日子领回自己的薪水，高兴一番或者抱怨一番之后，仍然茫然地去工作，这样的日子周而复始。他们在上班、下班之中，从不思索关于自己的工作的问题。可以想象，生活在这样一种精神状态中的他们，只是被动地应付工作，为了工作而工作。他们没有发掘出自己内心的精神力量，所以在工作之中"得过且过"地混日子，而不能在工作中自动自发地投入自己的热情和智慧，仅仅是机械地完成任务。

其实，一个人的工作成就，往往包含了他的智慧、激情、信仰、想象力和创造力等诸多因素。假如他能够在工作的过程中激发出自己内心的精神力量，便会在工作中拥有双倍、甚至更多的智慧和激情，积极主动而又卓有成效地完成自己的工作，同时，会在工作中收获更多。

我们常常喜欢从外部环境中为自己寻找理由开脱，不是抱怨职位、待遇、环境，就是抱怨同事、上司或老板。很少有人会从自身找原因，更从未想过要挖掘自己内心的精神力量，让自己集中精神投入到自己的工作之中。

凯丽是一家投资公司的秘书，工作了十多年，一直没有发展的机会，职位和薪水也不是很理想。有一段时间，她甚至想辞职。但是，她又害怕辞职后一旦找不到合适的工作，就得面临失业，她的内心非常矛盾，最终还是决定就这样混下去吧，到了别的公司也一样。

有一天，她和一个朋友去参加聚会，又在餐桌上开始抱怨自己的工作。这位朋友一脸严肃地说："造成现在这种情况，你思考过原因吗？你尝试过了解你的工作，让自己从内心深处对这份工作真正产生兴趣，并喜爱它吗？你是否真正的在工作中，把它当成一项伟大的事业而认真努力过？如果你仅仅是因为对现在的工作职位、薪水感到不满而辞去工作，你肯定不会有更好的选择。从现在起，转变你的态度，试着从你的工作中找到价值和乐趣，你会有意外地发现和收获。假如你真正这样努力尝试过之后，依然没有变化，再辞职也不晚。"

这位朋友的话对凯丽的触动很大，她尝试着让自己重新开始，以积极的态度去看待自己的工作。结果，感觉和效果完全不同，不满情绪也渐渐消失了，在工作中渐渐有了一种让她留恋的感觉。而且，她的工作才华得到了极大的展示，很快受到上司的提拔和嘉奖。

美国心理学家德西在他原先的研究基础上，进一步研究实验，向我们揭示出以下几个至关重要的结果：

1. 人并不是天生就厌恶工作，只会因工作而成熟，变得更独立自主。

而有意识地开发自己内心的精神力量、提升自己的能力,这样做的目的是为了满足身心的需要。

2.人为了自己心中的目标而按照自己的价值标准去工作,也通过这种意识支配自己,主动地把自己的目标与组织的目标统一起来,做到两全其美。

3.通过引导,人能够学会接受责任,直至寻求责任。大多数人都具有相当程度的想象力、智力和创造力,但在实际工作中,许多人的潜力并没有得到充分地发挥。

4.为人们创造和提供机会,诱导和调动人们的成就感、自豪感,会在满足他们内心需要的同时,使他们能更好地完成自己所负责的工作。假如不注意发挥人们的自觉因素,单纯靠增加报酬、发放奖金等物质条件刺激他们积极地工作,往往会事与愿违。

因此,对于职场中的人来说,如果能正确地认识自己的价值和能力及自己应该承担的责任,便会对自己的工作渐渐产生兴趣,从而产生一种肯定自己工作的情感和巨大的精神动力,即使在各种条件都比较差的情况下,也不会放松对自己工作的要求。

08　改变要从内心开始

有位修行者,脾气很暴躁,他很想把自己这个坏毛病改掉,于是,花了不少钱,盖了一间寺庙。他特地在寺庙大门口的横匾上,刻上了"百忍寺"三个大字。

为了显示自己的诚心,他向前来进香的人说明自己改掉急躁脾气的信心和决心,人们十分敬佩他的良苦用心。

有一位过客向修行者问寺庙横匾上是什么字。

修行者说:"百忍寺。"

过客再问一次。

修行者口气略有不耐，回答说："百忍寺。"

过客故意又问了一次："请再说一遍！"

修行者终于按捺不住，暴躁地回答道："百忍寺！你听不懂啊！"

过客笑道："才问了你三遍就受不了了，那建百忍寺有什么用呢？"

如果不踏踏实实地从内心深处加以改变，而只寄希望于做表面文章，那你永远都不可能真正实现气质的改变和能力的提高。

没有什么比主观意愿更能激发一个人的行为、帮助一个人成功，不管这种意愿是自己的真实想法、生活所需，还是形势所迫、环境所逼。

改变态度之前，必须要有强烈的改变意愿，并从内心深处加以改变。

进步源于你渴望进步，成功源于你志在成功。同样，改变也必须是你发自内心的想法和渴望。这种想法可能是来自于你对正确态度的向往，对消极态度的认识，也可能是在生活实践中的总结、顿悟。总之，只要你有了这种想法，就会对你的改变起到强有力的推动作用。

拿破仑·希尔说过，没有什么比"改变的决心"更能让你成功地改变自己的态度。只有主观的意愿，才是个人行为的最大推动力。成功不是我们想的那么遥远，只要你懂得改变自己，将消极的态度从脑中摒弃掉，成功离你就会越来越近。有句话说得好："改变自己才能改变世界。"如果一个人不能改变自身的消极态度，是因为他主观上还没有改变的意愿。对于态度这种"意识形态"层面的东西，它的树立或改变会更多地受到个人意愿的左右。因此，只有强烈的意愿才能真正促使态度的改变。

一个人若能从内心真正改变自己，便意味着理智的胜利；自己征服自己，意味着人生的成熟。当你没有遇到生存危机的时候，你就很难产生改变自身的强烈意愿，更不可能立即着手改变。只有当我们跳出"人生的障碍"之后，才会发现：如果有别的选择，我们就不会轻易地改变。事实上，拖延、懒惰、守旧等消极态度是人类的本性，每个人在面对问题的时候都习惯于利用旧的解决方式而不是新的处理方案。因此，对一个态度消极的人来说，任何时候做出任何一项改变都是非常艰难的。

改变，是一个人进步的最大动力和最佳途径，没有什么方法比改变态度更能促进一个人的发展。而对改变态度本身来说，强烈的意愿更是前提。

人生在世，很多事情都是我们无法改变的，一个人的人生道路往往不是主观意念所决定的。在许多情况下，我们不可能改变残酷的现实，惟一可行的是改变自己。总之，改变总是有原因的，而能促使一个人改变的原因则往往都是非常重要的，因为我们很难因为一件小事而改变自己。改变，源于我们本质的思想和需求的改变，源于我们对某件事的强烈意愿。如果我们能认识到"我们不可能保持永远不变"，那改变的意愿将很容易得到加强，并从内心接受改变。

因为我们的生活需要或其他重要的原因，才使我们产生了强烈的改变意愿。因为我们有了强烈的改变意愿，才有了改变的决心、动力和方法，也才能获得成功。改变消极态度本身就是一种积极表现，而要想成功改变，首先就要找到"迫使"自己改变的原因，然后树立强烈的改变意愿，并立即付诸行动。

09　不要害怕被拒绝

　　吉拉德的父亲曾是一位非常成功的保险推销人,他一直希望儿子也能成为一名推销员。但他从来没有向儿子提过这一要求,他只是通过自己的行为来感染儿子。

　　终于有一天,小吉拉德对父亲说:"爸爸,我能不能也做一名推销员,开创自己的事业?"

　　"当然可以了,"父亲听了儿子的话感到非常高兴,回答说,"你肯定能成为一名优秀的推销员。"

　　小吉拉德开始给邻居提供刷漆服务,并以此作为开创自己事业的起点,他的这一工作主要是将别人家的门牌号码及邮箱粉刷一新。

　　于是他就开始到几个邻居家去询问,是否需要刷漆服务。结果所问到的人家的回答都非常干脆："不用"，这让小吉拉德的自信心惨遭重创。

他对父亲说当推销员太难了，他不想干了。父亲问他为什么，他说："我去问了几家，他们都说不用。"

"这太棒了，你已经开始赚钱了！"父亲显出非常高兴的样子。父亲的回答让小吉拉德大吃一惊，他不明白父亲为什么这样说。

"吉拉德，"他的父亲说，"你好像一点也不知道新纳罗亚原理的神奇魅力！你会发现当有 1 个人对你说'可以'时，9 个人会对你说'不'。数字是不会错的。因为你的服务费是 10 美元，当有人对你说'可以'或'不用'的时候，你实际已经赚到了 1 美元。他们说什么并不重要，重要的是 10 个人中总会有一个人接受你的服务。"

"有时你可能会一连遇到许多人对你说'不'之后，才有 3 个人对你说'可以'。"

父亲看着儿子还是一副疑惑不解的样子，就继续说："这没关系，关键问题就在于你要想到，在你向每个人提出服务时，不管他们是否用你刷漆，你都赚到了 1 美元。"

小吉拉德这次真的兴奋起来了。因为他意识到了，只要他对别人说出自己的服务，就能赚到钱，无论他们接受还是拒绝自己的服务。

后来，小吉拉德成为一名非常卓越的营销专家。

不自信，害怕拒绝，这是人的共同的特性。但是，不管自己行不行，不管自己在别人眼中是什么样，这些都不重要，关键的是你得去试——在没试之前绝对不要否定！

1852 年，俄国著名作家、《现代人》杂志主编涅克拉索夫，收到了一部名为《童年》的手稿。但是，不知什么原因，作者在手稿末页的下方，只署上了自己的姓名缩写"·H"。

涅克拉索夫在看完手稿后，觉得写得十分出色，于是决定发表。由于不知作者的全名，所以作品发表时，只能按姓名缩写署名。

这是文学巨人托尔斯泰的第一部作品。尽管作品写得很好，但是不自信，没有署上自己的全名。幸运的是，涅克拉索夫是一个真正的"伯乐"。在发表这一作品的同时,他还向屠格涅夫等著名作家推荐,说:"留神一下《童年》这部中篇小说吧! 看来,作者是一个新的、大有希望的天才。"

很多著名作家看后,都对这部作品赞不绝口。当时,年轻的托尔斯泰正在高加索山地服役。一天,他偶尔读到了一篇对他的作品的评论文章,作者是一位著名的评论家。

托尔斯泰读着那些赞美的言词,狂喜和眼泪几乎使他窒息。处女作的巨大成功让这位胆怯的年轻人对未来充满了希望。从此,世界文坛上又多了一颗夺目的明星。

看了这个故事,或许对我们是很大的鼓舞:原来,天才也曾不自信!尽管不自信,但托尔斯泰还是有勇气将稿件投给了权威刊物。如果没有这样"试一把"的勇气,他也不会获得成功。

每个人都有潜能,但许多人的潜能都是因为我们自己自行压抑而发挥不出来。许多生命中应有的光芒,都是因为我们自行掩盖,最终使得它消失了。许多应有的业绩,都是因为我们自行打击和否定,而胎死腹中。

人类社会的人际互动中,难免会有拒绝或被拒绝的经历。有自信的人不怕被拒绝,他们愈是被拒绝,愈是能愈挫愈勇。但有的人一旦被拒绝,便会感到自尊心受损,变得缺乏自信,或因此过着逃避的生活,很多事情都不敢再去尝试。

但很多时候,事情到底行不行? 可能性到底有多大? 有多大的机会与风险? 自己的潜能到底有多大? 不去尝试是不知道的。

好莱坞著名演员葛莱恩·福特曾经说过:"如果你不去做你所畏惧的事情,那么恐惧将会左右你的人生。"爱默生说:"去行动吧,你将会拥有一股神奇的力量。"

所以,你要以一种积极的眼光看待自己,要相信自己一定是个胜利者,这样,面对拒绝时你才能更加沉着冷静,找到被拒绝的原因及解决的办法,从而向着成功的目标继续前进。

那些决心为自己找出道路的人,总是能够找到机会;即便他们找不到机会,他们也会创造出机会。因为,他们不害怕被拒绝,总是勇敢地去探索,勇敢地去尝试!

千万不要害怕被拒绝,失败并不是铁定的结局。面对拒绝时,只有勇敢地展示自己的能力,坚持下去,胜利才会最终属于你。你要明白:没有一步登天的成功者,要学会从失败中得到成功的启示。从失败的地方站起来吧,你可以从头再来!

10　勇敢地迈出第一步

玛丽进入报社的第一天,上司就交给她一项任务,采访本市的市长。

接到如此重要的任务,而且还是第一次,她不知道自己是应该高兴还是应该发愁。因为她任职的报社知名度很小,而且她是个刚刚出道、毫无名气的小记者。堂堂的市长日理万机,会接受她的采访吗?

"我很理解你,"同事卡瑞娜得知她的苦恼后,安慰她说,"让我来打个比方吧,如果你在夏日的中午站在阴暗的房子里,这时你想出去,你会想外面的阳光多么的炽热,心里一定有些害怕。其实,最简单、也是最有效的办法就是什么也不要想,先跨出门外去再说。"

卡瑞娜拿起玛丽桌上的电话,查询了一下市长办公室电话。很快,她与市长的秘书联系上了,卡瑞娜非常直截了当地说:"我是《论坛报》新闻部记者玛丽,我奉命采访市长先生,不知他今天能否接见我呢?"旁边的玛丽吓了一跳。

卡瑞娜一边接电话,一边不忘抽空向目瞪口呆的玛丽扮个鬼脸。接着,玛丽听到了卡瑞娜的答话:"谢谢你。明天下午三点,好的,我一定准时到。"

"瞧,直接向人说出你的想法,不是很管用吗?"卡瑞娜说,"我一开始的时候,也像你这样。不过,只要勇敢地跨出第一步,以后就好办了。"

　　万事开头难。每个人都有想法,但能够把想法付诸行动的却不多,能持之以恒使其最终实现的人更少。因此,有许多人一生都碌碌无为。成功者大都是敢于把想法付诸行动、敢想敢干、具有很强的行动能力的人。孔子说:"君子欲讷于言而敏于行。"是否敢于把想法付诸行动,这是成功者区别于平庸者的关键。可以说:确立目标是播下成功的种子,而只有行动才能使之开花结果。如果我们有勇气跨出第一步,梦想就可能成真。

　　其实,在我们周围有很多有才华的人,但很多人都难以取得成功,其中最大的问题是他们不知道该如何去展示自己,去做别人不敢做的事情。只有当你在机会面前展示自己,全力以赴接受挑战,才有可能成功。

　　有一天,在陕西一个偏僻的小山村里,突然开进了一辆汽车。从车上走下来几个人,其中一个穿黑皮夹克的中年男子问大家:"你们想不想演电影? 谁想演请站出来!"孩子们都默不作声。

　　这时,一个十六七岁的女孩勇敢地站出来说:"我愿意演。"她长得并不漂亮,单眼皮,脸蛋红扑扑的,透出山里孩子的淳朴和倔强。

　　"你会唱歌吗?"中年男子问她。

　　"会。"女孩大方地回答道。

　　"那你现在就唱一首。"

　　"行!"女孩当着众人面开口就唱,断断续续的,几乎不成调子。

这时候，旁边的人都笑了，他们都认为她的歌唱得不好听。可是没想到，那个中年男子却用手一指："好，我要选的女演员就是你了！"

这个勇敢地向前踏出一步的女孩叫魏敏芝，她幸运地被大导演张艺谋选中，在电影《一个都不能少》中成功扮演女主角。一个本来默默无闻的女孩，只因为敢踏出平常人不敢踏出的那一步，敢于做别人不敢做的事情，很快红遍了大江南北。

在我们的生活与工作当中，有些事情我们能够做到并且能够做得很好。一些人总是怕去做一些事，那是因为他没有动力，没有自信，不敢坚定地迈出第一步。其实很多时候，只要我们勇敢地迈出第一步，去亲身体验和实践，会发现，其实，迈出这第一步并不是一件多么艰难的事情，而且迈出这第一步，会让我们从中获得很多意想不到的成果。人的一生其实就是在一次次的体验与实践中才丰富与成熟起来的。

走别人不愿走的路，做别人不愿做的事，你才能踏上成功的捷径。要知道，上帝总是把最美的果实留给那些主动行动和敢于行动的人。

俗话说："心动不如行动。"歌德也说："仅有知识是不够的，我们必须应用，仅有愿望也是不够的，我们必须行动。"立即行动，这是实施目标将理想变成现实的第一步。行动的第一步，也是成功的关键一步，没有这一步，目标就永远不会实现。好的开头，是成功的一半。成功的秘诀就是行动，立刻去做。

11　不要养成依赖别人的习惯

有个科学家正在进行有关人类潜在的生命力的研究，他以小白鼠为研究对象。他就从笼子里抓出一只白鼠，放进一个透明的玻璃水池内。然后，立即计算时间。

科学家在玻璃池旁观察小白鼠在水里挣扎的情况，直到那只小白鼠

快要进入溺亡的危险时,才赶忙将它捞出来,放回笼中,在这个过程中他还要计算时间。第二天,他又抓起昨天那只老鼠,做同样的试验。

这样的试验进行了一星期。每天的记录显示出小白鼠的挣扎时间在增加。

有一天早晨,科学家又继续他的实验。他将小白鼠丢进池中观察着,可是正在实验进行到一半的时候,电话响了,科学家便转身去接电话。那是他的女朋友打来的电话,情话绵绵,使他忘记了池中的小白鼠。当他记起时,侧身一看,小白鼠已经浮在水面上了。

原来,每次科学家将它丢进池中,过不了多久,便会将它抓上来。连续几天,小白鼠便知道:何必这么辛苦挣扎呢,最终会有一只手捞我上去的!就因为有这个想法,它不去发挥其潜能挣扎生存,最终被淹死了。

依赖的习惯,是阻止你迈向成功的一个绊脚石,要想成就大事就必须把它踢开。成就大事的人认为拒绝依赖是对自己能力的一大考验。依赖别人是肯定不行的,因为这就把命运交给了别人,而失去了做大事的主动权。

　　生活在当今这个竞争激烈的社会里，每个人都感到了生活给我们带来的压力。面对压力，有些人失去了信心，有些人无所适从，还有一些人却把希望寄托于别人的帮助和支持上，他们以为别人能帮助自己解决一切难题，由此养成了依赖的心理。如果别人能满足自己，心理作用就会加强，工作中积极性会高一些；如果得不到满足，就颓废不振。

　　人最容易养成依赖别人的习惯，大概因为依赖别人后自身便可以轻松许多。所以，问题发生时，如果想到有谁可能会帮忙，就永远不会着急。

　　如果你依赖别人，那么你将失去自己的特色；如果你依赖别人，你就至少部分地把自己交付给了自己所依赖的人，自己就受到了他的支配；如果你依赖别人，就会丧失主动进取的精神，使自己陷入了被动的境地。

　　所以，千万不要依赖别人，对别人寄予的希望越少，以后的失望越少。越依赖别人，越会使自己退化。

　　假如，你已成为一位依赖别人的人，那么，最好的救治良药就是：端正自己的坐姿，然后大声而坚定地告诉自己：相信自己，独立完成！

　　其实，摆脱依赖心理，独立地发展和锻炼自己，扔掉拐杖，走出成长的误区，并不是一件非常困难的事情。因为别人能够做到的，我们自己也一定能够做到。

　　当我们放弃依赖别人的念头，决心自强自立，从这时候开始，我们就走上了成功之路。就这么顽强地向前走，百折不回，你就惊奇地发现原来你在许多方面都毫不逊色于你当初崇拜的偶像们。

　　对每一个人而言，拒绝依赖他人是对自己能力的一大考验。生命当自主，一个总想依赖他人的人，无异于将命运交付于人，这样的人永远享受不到独立的乐趣，也将永远受制于人。

　　自主的人，能傲立于世，能力拔群雄，能开拓自己的天地，得到他人的认同。人生注定只有靠自己才能获得自由。勇于驾驭自己的命运，相信自己，自主地对待工作，这才是成功的意义。

12　负面的心理暗示要不得

小象出生在马戏团里,它的父母也都是马戏团中的老演员。

小象很淘气,总是到处乱跑。没办法,工作人员在它的腿上拴了一条细铁链,另一头系在铁栏杆上。小象对这根铁链很不习惯,但它无论怎么用力也挣不脱,无奈的它只好在铁链控制的范围内活动。

过了几天,小象又试着想挣脱铁链,可还是挣不开,小象只好闷闷不乐地老实下来。

一次又一次,小象总也挣不脱这根铁链。慢慢地,它不再去试了,它习惯了铁链的束缚,好像本来应该就是这个样子。

小象一天天长大了,以它此时的力气,挣断那根小铁链简直不费吹灰之力,可是它从未想过要这样做。它认为那根链子对它来说,牢不可破,这个强烈的心理暗示早已深深地植入它的记忆中了。

多次的失败会在人的头脑中形成一种固有的思维模式,成为不可逾越的障碍,摧毁人的自信心,最终使已经到手的机会从他们手中悄悄地溜走。战胜失败的最好方法就是要不断地去尝试。时势是不断变化的，当初做不到的事如今可能就会轻易做好。

心理暗示是指人接受外界或他人的愿望、观念、情绪、判断、态度影响的心理特点，是人们日常生活中，最常见的一种心理现象。曾有这样一个关于心理暗示的实验：心理学家将 6 个人分成两组，每 3 个人为一组，两组人员分别给同一位女士打电话。但事前告诉第一组的 3 个人说：对方是一个呆板、枯燥、冷酷、乏味的人；告诉第二组的 3 个人说：对方是一个活泼、开朗、热情、有趣的人。

结果发现第一组的 3 个人与对方的交谈很短也很不顺利，甚至其中一名组员差点和对方起了争执；然而，第二组的每个人都与对方谈得很投机，通话时间也比第一组的时间长。

在这个实验里，两组人员面对的是同一个人，却得出了截然相反的结果，这就是心理暗示的威力。它使你产生了事先看法，这看法又决定了你的交往心态，而你的心态又使你的语言信息和非语言信息都受到了事先暗示的影响。

在这样的连锁反应中，你很难迅速地做出正确判断，因此，这种心理暗示轻而易举地影响了你的行为。

心理学家还曾经对两个死刑犯人做过这样一个实验：

两个犯人相距一米面对面地坐着。心理学家把其中一个犯人的双眼蒙上，并在他的右手边放上一个小桶。然后用一把利刃割断他的右腕动脉，让血滴到小桶里。另一个犯人就这样看着同伴因失血过多而死去。

第二天，同样的地方，同样的执刑人员。但这次被割的是昨天那个看的犯人。仍是那个小桶、那把利刃，但心理学家这次是用刀背假装割了他一下，让他虽有痛感却连皮都没破。然后，实验人员就用温水漫漫滴落在刚才用刀背割的那个地方，温水顺着犯人的手慢慢滴入小桶，非常像昨天那个犯人的血慢慢滴落的感觉。后来，心理学家发现，他的脸色竟如昨天那个失血者一样越来越苍白，呼吸越来越急促，直到最后他也死去了。奇怪的是，他连一滴血也没有流。

后来经过解剖发现,那个没流血的人是因为心脏过度痉挛而死的,也就是说他是被自己的意识吓死的。

心理学家巴甫洛夫认为:暗示是人类最简单、最典型的条件反射。自我暗示的力量非常强大,对我们每个人的影响也是至关重要的。在我们做某件事的时候,我们可能会不自觉地暗示自己这件事有多么难,而恐惧心理将会毁灭掉一个人的自信、热情,等等。其实,大多数时候,这种恐惧是我们自己强加给自己的。

心理学知识告诉我们,负面心理暗示的积累最终会造成难以扭转的悲观情绪。而事实上,这种情绪体验往往是不真实的。内心极度痛苦的人很多时候并没有真正面临危机,是情绪失控致使其对所受到的负面刺激缺乏合理的认识,主观上夸大该刺激的强度。这种夸大反衬出个人应对能力的匮乏,最终导致意志力的瓦解。

13 发挥每个人的优势

去过寺庙的人都知道,一进庙门,首先看见的是胸腹袒露、笑脸相迎的弥勒佛。而在他的北面则是黑口黑脸的韦陀佛。但相传在很久以前,他们并不在同一个庙里,而是分别掌管不同的庙。

弥勒佛热情快乐,所以来庙里朝贡的人非常多,但他什么都不在乎,丢三落四,财务管理得不好,所以依然入不敷出。而韦陀佛虽然擅长管账,但成天阴着脸,太过严肃,致使朝贡的人越来越少,最后香火断绝。

佛祖在查看香火的时候发现了这个问题,就将他们放在同一个庙里,由弥勒佛负责公关,笑迎八方客,于是香火大旺。而韦陀佛铁面无私,理财有道,让他负责财务,严格把关。在两个人的分工合作中,庙里呈现出一派欣欣向荣的景象。

现实中不乏弥勒佛般热情、有亲和力的人,也不乏韦陀佛般严谨、一丝不苟的人，但如佛祖般智慧的人却少之又少。

每个人都是人才，关键是如何使用。只有做到"适才适用"，善扬其长，力避其短，才能发挥出人的最大潜能，才能创造出惊人的成就。管理学大师德鲁克说过："人的长处，才是一种真正的机会。"每一个人都应该审视一下自己现在的发展空间，是否有利于自己优势和长处的发挥，如果自己本是韦陀佛般严肃的人，却被安排迎来送往，这样做必会阻碍个人的成长，所以应积极争取更有利于自己才能发挥的工作岗位。

不仅是"适才适用"，聪明的佛祖还把两个具有互补才能的人才编入了一个团队，从而使寺庙欣欣向荣。作为企业的管理者，一定要善于认识人的长处，并能用得恰到好处。在团队中，必须要每个人发挥自己的长处，让其在最佳的位置上发挥出最大的作用。只有把合适的人放在合适的位置上，并使具有互补性才能的人团结起来，才能形成一个与弥勒佛和韦陀佛相类似的优秀团队，最终创造辉煌。其实，懂得用人的管理者，不需要看这个人有多么耀眼，也不需要这个人干出多少丰功伟绩，只要在自己的岗位上能够发挥出自己的价值，将自己本身的作用发挥到极致即可。

法国著名作家蒙田说："这世界上最主要的事情，就是自己彻底了解自己。"对每个人来说，对自己的认识是一门重要的学问，要明确自己的优势与劣势，把精力放在自己最擅长的事情上。

每个人都有很多方面的爱好，如果对每一个爱好都不加限制地发展，到最后可能一个突出的成绩也没有。世界上没有全能的人，只要把自己最为擅长的一项做好就足够了。马克思取得了非凡的成绩就在于他能认清自己的真正优势所在。

如果让一个千里马和一个乌龟去比赛长跑，让一只黄鹂和一只鸭子去比赛唱歌，千里马和黄鹂肯定能轻而易举地胜出。做事高效的人，其显著特点就是能够正确地认识到自己的优势，并把优势发挥得淋漓尽致，从而获得成功。

优势是需要发现和发展的。然而，人本身具有非常丰富的基因，所以要真正认识自己并不是一件容易的事。要想成就一番事业,首先就要正确地认识自己。在认识到自己长处的前提下,如果每个人都能扬长避短,做自己最擅长的事,并把这件事努力地做下去,最终一定会结出丰硕的成果。

不了解自己的长处而埋头苦干,是对自己的资源的最大浪费。所以,我们要尽可能地挖掘出自己的优势,发展它,丰富它,使自己成为一个丰富多彩、魅力四射的人。

14 在危险降临前就做好准备

唐时,安禄山任命权皋为从事,权皋看出安禄山有谋反的野心,自己想安身引退,又怕安禄山猜忌,想偷偷离去,又怕自己的老母亲受到牵连。

正好安禄山派权皋押俘虏到京城去"献俘",路上要绕道福昌。福昌尉仲谟是权皋的妹夫,于是他就秘密约定了从那儿逃离出来的办法。

权皋到了河阳,假称生病,急忙把仲谟从福昌叫来。仲谟来了以后,权皋向仲谟示意之后就装死。仲谟痛哭,亲自料理,表面上大张旗鼓,披麻戴孝,吹吹打打,哭声震天,暗中却让权皋逃走,把棺材埋掉。一切做得天衣无缝,谁也不知道这件事。

安禄山怎么也没有怀疑到这其中有诈,就同意权皋的母亲返乡。权皋换了平民的衣服,在城口等候,接了母亲连夜逃走。

刚渡过江,安禄山就发动了叛乱。

忧患意识无论对企业还是个人,都至关重要。只有防患于未然,才能将灾祸消灭在萌芽状态。我们在做事情时,应尽量将可能发生的问题估计到,做好充分地应对准备。

当今社会中的人才竞争、商业竞争使得我们的生活日益紧迫,只有未

雨绸缪、居安思危，才能将灾祸、危机消灭在萌芽状态。不然，等到想要应用的时候，再着急，也为时已晚。一家公司被一家意大利的企业兼并了，公司主管召开了全体员工大会："我们原则上是不裁减员工的，但如果你的意大利语太差，无法与其他员工交流，那么我们不得不请你离开。下周一我们将进行意大利语考试，只有通过的人才能继续留在这里工作。"散会后，几乎所有的人都涌向了图书大厦，只有一名毫不起眼的小主管像往常一样直接回家。人们都认为他准备放弃这份工作了。但出乎意料的是，考试结果一公布，小主管竟考了最高分。有人问他是怎么学习的，他说："早在公司准备与这家意大利的公司合并之初，我就已经开始学习了。"人们常说，机会属于那些有准备的人。什么是"有准备的人"呢？就是要把居安思危、未雨绸缪变成一种本能的人。

曾经有人做过一个调查，在世界 500 强企业名录中，每过 10 年，就会有 1/3 以上的企业从这个名录中消失，或低迷，或破产。总结这些企业衰落的原因，人们发现，春风得意之时正是这些企业衰落的开始，因为正是在这个时候，他们忽视了危机的存在，忘记了产品开发以及经营管理的超前性。他们对前景盲目乐观，而忽视了为企业的长远发展所必需的准备。

而那些在 500 强中长期站住脚的企业，则对危机有着另一种认识。

比尔·盖茨就是一个危机感很强的人,当微软利润超过 20% 的时候,他强调利润可能会下降;当利润达到 22% 时,他还是说会下降;到了今天的水平,他仍然说会下降。他认为这种危机意识是微软发展的原动力。微软著名的口号是"不论你的产品多棒,你距离失败永远只有 18 个月",正是因为这种危机意识,他们把准备当成第一任务。因为,当一切准备充足时,你就不必害怕任何危机了。

每个企业、每个人都应时刻保持危机感,这种危机感可以让企业、个人变得更加努力,更加勤奋,也更加乐于超越自己。只有保持危机感,才能让人们感觉到压力,才能时刻提醒自己进步。

2003 年,非典的爆发将众多没有任何准备的企业推上了考场,仓促应试。因此,惊慌失措者有之,无计可施者有之,反应迟钝者有之。

这次非典危机对那些没有危机准备的企业来说,打击是巨大的,生产停顿,业务萎缩,其中一些实力薄弱的企业倒闭破产,而提前准备好危机管理计划的企业在生产和业务上都没有受到太大的影响。从中我们可以看出,抗击风险能力强的企业,都是具有高度的危机管理意识,能提前做好准备的企业。

平则思险,安则思危。正如孟子曾说过的:生于忧患,死于安乐。人们在生活富裕、环境安逸的时候,往往就容易产生懈怠、懒惰的恶习,而只有时刻保持着危机意识,才能不为环境的安逸而改变,才能时刻保持着进取的精神和不灭的斗志。

15　撞到"南墙"要回头

一位隐士派他的三个徒弟去远方。他把他们送到路口,吩咐他们说:"从这儿往南都是畅通的大路,沿着这条大路走,不要走岔路。"

三个徒弟把师傅的话铭记心中,然后辞别师傅,沿着大路向南走去。

他们走了50多里后发现有条河横在面前，沿河岸向东走半里就有一座桥。其中一位徒弟说："我们向东走半里路，从桥上过吧？"另外两位皱着眉头说："师傅让我们一直往南走，我们怎能走弯路呢？不过是水罢了，有什么好怕的！"说完，三人互相搀扶涉水而去，河水水深流急，他们有好几次差点送命。

过了河，又往南走了100多里，有一堵墙挡住了去路。其中那一位徒弟又说："我们绕绕吧。"另外两个仍坚持："谨遵师傅的教导，无往不胜。我们怎能违背师傅的话呢？"于是迎墙前进。"砰"的一声响，三人碰倒在墙下。三人爬起后相互勉励："与其违背师命苟且偷生，不如遵从师命而

死。"而后又相互搀扶，直向墙撞去，最后撞死在墙下。

当我们遇到一件事情，无法解决时，就需要变通一下，换个方法，或者换条路走走。做事一定要灵活，不要一条路走到底，不撞南墙不回头。要知道条条大路通罗马，成功的道路千万条，此路不通彼路通。

一个人坚持容易，变通难。但坚持是前提，有了坚持的原则之后还要有通权达变的本领，这就是一个很高的境界，也很难。因为坚持是一种精神，而变通则是一种处事的智慧。

在充满不确定性因素的环境中，有时我们需要的不是朝着既定的目标执著努力，而是在随机应变中寻找求生的出路；不是对规则的遵

循，而是对规则的突破。我们不能否认执著对人生的推动作用，但也应该看到，在一个经常变化的世界里，灵活机动的行动比有序的衰亡要好得多。

我们在生活中可能经常会陷入一种看似"山穷水尽"的地步，但只要你跳出事情本身，换个角度想一想，变通一下，也许会有"柳暗花明又一村"的惊喜。正如一位哲人所说，人生正如上山，面对悬崖峭壁，何不转而从另一面山坡上山呢？所以说，无论做人做事不能太死板，要学会变通，转换角度，你就能突破困境，有所收获。

我们生活中还有这样一种人，他们在取得一定的成就后，变得骄傲、自大、自以为是，从此放松了进取的主动性和积极性。

他们满足于已经取得的成绩，因此他们开始讲究享受，个性也变得狂傲不羁、颐指气使、高高在上。但是这种日子不会持续太久，当他发现自己坐吃山空，需要重新创业时，他会惊慌失措，迫不及待地重操旧业。

但是，这时候的他们已找不到当初那种劲头十足、游刃有余的感觉了，做什么事都会磕磕绊绊，困难重重。究其原因主要是由于身心的懈怠所致。

而懂得变通的人从不允许这种情况的发生。不管取得了什么样的成就，他们都会正确面对，心神宁静。因此，不要为任何的成功而骄傲自满，忘记了追求成功的艰辛和困苦，也不要为一时的挫折垂头丧气，失去了重新战斗的勇气。只有这样，才不会被历史的洪流所埋没。

人生在世，每个人的自身条件不一样，每个人的生存环境也迥然不同。那么，每个人所采取的方法更是不一样，但有一点相同，就是任何人遇到任何困难，都要学会变通，不变通，就无法克服困难，很难走向成功。正如诸葛亮所言："因天之时，就地之势，依人利而所向无敌。"

选择变通总是能帮助你解决很多棘手的问题，这种"智慧"也有一定的要求：

第一，要有打破常规的勇气，从人们的固定思维之外寻找新的道路。

第二，要合乎常理，不管采取何种方法来解决问题都不能脱离法律与道德的框架，否则只会弄巧成拙。

第三，要顺乎人情。人们对利益问题是最敏感的，趋利避害是人之常情，换个角度解决问题要求的是双赢而不是损人利己。

随机应变、灵活变通是一种智慧，这种智慧让人受益匪浅。对于一件事，学会多角度灵活看待，成功就会离你越来越近。

第六章

06

为想法找办法

有想法其实并没有多少实际价值，关键是要为实现想法找到一个切实可行的方法，使其产生实际的利益。否则，再好的想法也不过是纸上谈兵。最优秀的人，是最重视找方法的人，主动找方法才能让你脱颖而出。

01　请弯下你的腰

　　一个商人在空旷无人的山路上行走。这时,他听到一个神秘的声音对他说:"请你弯下腰来,在路边捡起几个石子,那么明天早晨,你将因此

得到快乐。"商人当然不信石子会给他带来快乐,但他还是弯下腰去,在路边捡起几个石子,然后装入衣袋,继续赶路。第二天早晨,商人想起衣袋里的石子,就掏出来看。当他掏出第一粒石子时,商人一下子愣住了——原来那不是石子,而是钻石!商人又慌忙去掏第二颗、第三颗、第四颗……

　　一颗颗都是红宝石、绿宝石、蓝宝石……

　　商人暗自庆幸听了那神秘之声,没有忽略路边的石子。

　　世间的大事都是由许许多多的小事积累而成的。有时候,那些并不

起眼的小事，只要我们弯下腰去做了，就可能会改变我们的一生。

每个人都是自己命运的设计者，我们每天所做的每一件事都可能影响到我们的一生。无论我们从事的事有多小，都要全心全意把它做好，要知道，轻视小事就无法成就大事。小事不愿做，大事不会做，最终将一事无成。

俗语说，"一滴水，可以折射整个太阳。"每一件大事都是由许多环节组成的，而每一个环节都是由若干小事组成的，做好每一件小事，掌握每一个环节，你就具备了做大事的本领。日常工作中同样如此，看似繁琐、不足挂齿的小事比比皆是，如果你对工作中的这些小事轻视怠慢，敷衍了事，到最后就会因"一着不慎"而失掉整个胜局。所以，每个员工在处理小事时，都应当引起重视。

任何一项工作的任何一个环节都是重要的，都不应被忽视，如果你想做大事，那就先从底层做起，从小事做起，打牢基础，然后才能掌握全局，成就大事。士兵每天做的工作就是队列训练、战术操练、巡逻排查、擦拭枪械等小事；饭店服务员每天的工作就是对顾客微笑、回答顾客的提问、整理清扫房间、细心服务等小事；公司中的你每天所做的事可能就是接听电话、整理文件、绘制图表之类的细节。但是，我们如果能把这些小事认真做好，没准儿将来你就可能是军队中的将领、饭店的总经理、公司的老总，聪明的人总会把做小事当成自己成功的起点，因为一个人在经验不足、技能较差的时候，做小事更容易出成绩、提升自己。没有做好"小事"的态度和能力，想要做好"大事"，只会成为"无本之木，无源之水"，根本不会取得任何成就。可以这样说，平时的每一件"小事"其实就是一栋楼房的地基，如果缺少地基，想象中美丽的楼房只会是"空中楼阁"，根本无法变为"实物"。职场中每一件小事的积累，就是今后事业稳步上升的基础。

成就绝非一夕之功。不要轻视小事，因为小事往往具有重要的价值。你不会一步登天，但你可以逐渐达到目标，一步又一步，一天又一天。别以为自己的步伐太小，无足轻重，重要的是每一步都踏得稳，这样才能走向成功的康庄大道。

02 学会以柔克刚

一位智者生了重病,他的徒弟前去探望。徒弟来到老师床前,求教道:"先生的病不轻啊,还有什么道理要传授给弟子吗?"

智者点头,随后张大口,让徒弟看,并问道:"我的舌头还在吗?"

徒弟回答:"还在,好着呢!"

智者又问:"我的牙齿还在吗?"因为年迈智者的牙齿已掉光,只露着光秃秃的牙床。

徒弟老老实实地回答:"牙齿不在了。"

智者追问:"你领悟这个道理了吗?"

徒弟若有所悟地回答:"舌头存在,是因为它的柔软;牙齿没有了,是因为它太刚强的缘故。"

智者说:"好啊,天下的事理都在这里,我已经没有别的话要说了。"

有很多人错误地认为,要想获得生存和发展的机会,就必须说话犀利、办事强硬。其实,真正能够给我们带来好人缘和权威感的是柔韧。任何人都喜欢和那些说话温和、注意别人的感受的人一起交流观点和意见，都喜欢和那些做事灵活的人共事。

老子曾说："弱之胜强。"并在《老子》一书中多次阐述这一思想。我们想要成功，就要有一种以柔弱达到成功的本领。不怕自己柔弱，只怕自己受不住柔弱。要以柔克刚，从而致胜成功。人们总希望自己能成长起来，强大起来，这是由柔弱而至强大。但是坚强如果转化为逞强，则祸根已伏。所以必须辩证地理解和运用"柔与刚"这一理念。

人们常说：上善若水，以柔克刚。意思是说，刚正的东西因为过于坚硬，所以更容易折断，而圆融如水，可以随意变形，不会因为环境或者外力的原因而受到任何的损伤。在面对事物的时候，刚正的人往往因为坚持己见而更加容易得罪别人，而圆融的人，因为能够看透对方的需要，适时地调整自己，所以他们更能适应社会，并获得别人的支持和认可。

以柔克刚，以弱胜强，是道家守柔主静的动静观，这里面包含着朴素的辩证法。人身上最坚硬的要数牙齿，最柔弱的要数舌头，当人变老，牙齿全部脱落了，而舌头却能完好无损。大树比小草坚硬刚强，但海啸、台风来时能掀倒大树，甚至连根拔起，而小草依然故我。水最柔弱，石头坚硬，但水滴可使坚石为之洞穿。蝼蚁柔弱的微不足道，大坝坚硬得与滔滔洪水相抗衡，但柔弱的蝼蚁却能使大坝千里溃决。这些事例均在证明"柔"与"刚"的辩证关系。

老子提醒人们：要柔弱。要人们学会以柔克刚，柔中有刚，这是一种大智慧。当然对于这种大智慧，你也要活学活用，辩证地对待，如果一头钻进牛角尖、死胡同，那就不是智慧了，我们要在柔弱中寻找到恒久的生命驱动力，一点一滴，一步一步，积聚能量、智慧、经验，最后达到成功。

03 忘记过去，把握现在

一位哲学家途经荒漠，看到很久以前一座城池的废墟，哲学家想在此

休息一下，就顺手搬过来一个石雕坐下来。望着被历史淘汰下来的城垣，想象曾经发生过的故事，不由得叹了口气。

忽然，有人说："先生，你感叹什么呀？"

他站起来四下里望了望，却没有人。正在他疑惑的时候，那声音又响起来，仔细端详刚刚坐过的这个石雕，原来是一尊"双面神"的神像，声音正是由它发出来的。

哲学家好奇地问："你为什么有两副面孔呢？"

双面神回答说："有了两副面孔，我才能一面察看过去，牢牢地汲取曾经的教训；另一面又可以展望未来，去憧憬无限美好的蓝图啊。"

哲学家说："过去只是现在的逝去，再也无法留住，而未来又是现在的延续，是你现在无法得到的。你不把现在放在眼里，即使你能对过去了如指掌，对未来洞察先知，又有什么意义呢？"

双面神听了哲学家的话，不由得痛哭起来，他说："先生啊，听了你的话，我才找到了我落得如此下场的根源。"

哲学家问："为什么？"

双面神说："很久以前，我驻守这座城池时，自诩能够一面察看过去，一面又能展望未来，却唯独没有好好地把握住现在。结果，这座城池被敌人攻陷了，美丽的辉煌都成了过眼云烟，我也被人们唾弃于废墟中了。"

要想让自己更优秀，更上一层楼，就必须学会忘掉过去。只有忘记过去的辉煌和失败，你才会有重新开始的动力和信心，才能无所牵挂地向前看。后续发展的最大敌人就是自我满足，裹足不前。每一个人都应该记住：过去的成功只代表过去，现在更重要。

时间不像金钱可以积累，可以贮藏，以备不时之需。机遇是一只钟表，它总在不停地走动，我们能够看见的只是当下的时间，永远看不到逝去的时间和将来的时间。我们活在现在，只有好好把握现在，才是最真实的。

大部分人都没有活在现在，不是活在过去，就是活在将来。人生的许多宝贵的时间都溜走了，因为我们的心都被过去和未来占满了。

如果要成功，就一定要把握住现在，而且只有现在——因为你拥有的只是现在。

活在现在非常重要，因为只有此时才是你真正拥有的。除了此时此刻，你别无选择。活在现在，就是要承认你永远不会获得过去或未来的时刻。

大部分的人很少关注眼前的时刻，他们错失了生活的许多机会。与其费尽心思把今天可以完成的任务拖到明天，还不如用这些精力来抓住时间，抓住机会，完成今天的任务。挥霍时间的人是可耻的，挥霍机会的人亦是可耻的。不好好把握现在，等到失去时，只能是悔不当初。

要把握现在，你必须首先学会一次只做一件事。手里做着一件事，心里又想着另外一件事，到头来哪一件都做不好，时间也白白浪费掉了。我们在成功之途遇到的问题之一，就是选定某一件事然后一直撑到该撒手的时候为止。任何事情只要值得去做,我们就应该全心全意去做。

回避现实几乎成为当今社会一种流行的疾病。社会环境总是要求人们为将来牺牲现在。根据逻辑推理,采取这种态度就意味着不仅要放弃现在的享受,而且要永远回避幸福——将来的那一刻一旦到来,也就成为现在,而我们到那时又必须利用那一现实为将来做准备:成功遥遥无期。

想要成功就要抓住机会,把握好现在,不要陷入昨天的回忆,也不能流于对明天的幻想,人们应该记住,今天、现在才是你需要专注的目标,因为你的成功不能缺少现在。

今天是一个新的开始,与昨天无关。每当日落西山时,我们可以思考一下:今天的事情做完了吗? 今天的机会都把握住了吗? 如果这些问题的答案是肯定的,那么你今天的时间便没有枉费。如果我们把每一个今天都按照这样的方式来过,那么我们就真正地把握了现在。

一个学禅的弟子问他的老师:"师父,什么是禅?"师父回答道:"'禅'是扫地的时候扫地,吃饭的时候吃饭,睡觉的时候睡觉。"弟子说:"师父,这太简单了。""没错,"师父说,"可是很少有人做得到。"因为很少有人做到,所以如果你做到了,你就会成功。

04 战胜别人最好的方法就是把他变成朋友

老鼠是天神的宠物,可是有一次因为它偷吃了天神的仙果,被贬到凡间。

老鼠苦苦哀求,请求天神原谅自己,让自己继续留在天界。

天神说:在动物世界中,大象是最强大的。你下凡后,必须战胜大象,你才有资格回到我身边,否则,你就永远留在动物世界吧。

但老鼠一来到动物界,就发现像自己这样又小又弱的小动物,是不可能战胜大象的,但它还是决定试一试。

这天,它趁大象吃树枝之机,悄悄地钻进大象的鼻子里。不料,刚进

去一小段路程,大象觉得奇痒,便猛地打了一个喷嚏,老鼠就像炮弹一样被射向高空,又落在地上,摔了个半死。

大象由此也恨透了老鼠,一见到老鼠,大象就用它那大脚踩老鼠,老鼠险些丧命。此后很久,老鼠总是远远地躲开大象,它不想自讨苦吃。

有一天,大象落入了猎人设下的巨网中。它挣扎了很久,累得筋疲力尽,也未挣脱出来。这时老鼠出现了,它没有在此时攻击大象,而是用它锋利的牙齿咬断巨网,把大象救了出来。于是,老鼠和大象化干戈为玉帛,成了好朋友。

不久,天神找到了老鼠,向它祝贺,因为它已经战胜了大象。

老鼠说:"我还没有战胜大象呢,而且这辈子大概也不可能战胜了。"

天神说:"你已经战胜了大象。你将你的对手变成了朋友,难道世界上还有比这更完美的胜利吗?"

面对竞争对手,许多个人或企业容易引起情绪性的反应,采取以牙还

牙的方式来回报对方。其实这并不是解决问题的根本办法,市场的好环境是大家共同营造出来的,只有化敌为友,才是实现双赢的最佳良方。所以,战胜一个人的最好方法就是把他变成朋友。

"常在河边走,哪能不湿鞋。"同样,人在社会上行走,难免会在无意中树立几个"敌人",更何况是在你争我夺、利益为重的商场中。

胡雪岩信奉这样一句话:没有永远的敌人,只有永远的利益。他说,生意场中,并没有真正的朋友,但也不是到处都是敌人,既然大家共吃这碗饭,图的都是利,有了麻烦,最好把问题摆到桌面上,不要私下暗自较劲,结果对谁都没有好处。所以,无论是在自己还是朋友遇到麻烦的时候,他总会想方设法化干戈为玉帛,变敌人为朋友。

以德报怨、化敌为友是避免别人伤害的最佳选择。这样,你就很容易把对手变成朋友。因为以恨对恨,恨永远存在;以爱对恨,恨自然消失。因而,无论做什么事情,能够做到不计较吃亏,甚至是主动吃亏,在得失上装一时的糊涂往往能得到长久的收益。

现代商人不怕树敌,反而以树敌为荣。当然,如果避免不开,树敌自然无妨,也不必害怕,如果能想到办法,化敌为友,那又何乐而不为呢? 毕竟,和气才能生财,树敌容易,化敌却难,如果一个人能把敌人都转化成朋友,那他的能力不更是让人佩服吗? 如果能获取敌对方的支持,又何愁事业无成? 广结天下友,方可博取人间财。

05 不要把事情做到极致

一个微凉的初秋晚上,小和尚智远在寺院里散步,忽然发现墙角摆了一张高脚椅子。他心想,一定是有人不守寺规,趁天黑翻墙出去游玩了。

夜深人静的时候,果然有人由外面越墙而入。小和尚惊讶地发现,那人竟是师叔——本院的执法僧惠明。

　　小和尚一连观察了几天，他想："不能让这种事继续下去了，我必须想一个好办法来制止他。"

　　等到夜幕再次降临，执法僧故伎重施。小和尚将椅子搬到一旁，弯身蹲在原处等候。不久，惠明师叔翻院墙回来了，发现脚下有些异样。原来，他踩的不是椅子，而是小和尚的背脊。

　　"智远，怎么是你？"执法僧顿时手足无措，不知如何是好。

　　小和尚调皮地说："师叔啊，你把我踩痛了。"然后，他若无其事地晃了晃脑袋，径自睡觉去了。

　　从此以后，惠明再也不敢翻院墙出去游玩了。让他奇怪的是，好像没有人知道那天夜里发生的事。很多年过去了，惠明从执法僧做到了住持，最后成为一代宗师，可他怎么也忘不了脚下踩过的小和尚的背。

　　聪明的人无论做什么事情从不把事情做绝，不把事情做到极点，于情不偏激，于理不过头。在给别人留余地的同时，也给自己留余地，让自己行不至绝处，言不至极端，有进有退。这样日后才能更机动灵活地处理事务，解决复杂多变的问题。

著名哲学家苏格拉底曾说："一颗完全理智的心，就像是一把锋利的刀，会割伤使用它的人。"在这个世界上，没有完全绝对的事情，就像一枚硬币一样都有它的两面性。民间也有句俗语："内距宜小不宜大，切忌雕刻是减法"、"留的肥大能改小，唯愁脊薄难厚加。"雕刻如此，做衣如此，做人做事更是如此。无论做人还是做事，都不要把事情做绝。不把事情做到极点是一种美德，一种智慧，一份情怀。

曾经有一位高僧受邀参加素宴，席间，发现在满桌精致的素食中，有一盘菜里竟然有一块猪肉，高僧的徒弟故意用筷子把肉翻出来，打算让主人看到，没想到高僧却立刻用自己的筷子把肉掩盖起来。不一会儿，徒弟又把猪肉翻出来，高僧再度把肉遮盖起来，并在徒弟的耳畔轻声说："如果你再把肉翻出来，我就把它吃掉！"徒弟听到后再也不敢把肉翻出来了。

宴后，高僧辞别了主人。在回去的途中，徒弟不解地问："师傅，刚才那厨师明明知道我们不吃荤的，为什么还把猪肉放到素菜中？徒弟只是想让主人知道，处罚处罚他。"

那位高僧对他的徒弟说："每个人都会犯错误，无论是有心还是无心。如果让主人看到了菜中的猪肉，盛怒之下他很有可能会当众处罚厨师，甚至会把厨师辞退，这些都不是我愿意看见的，所以我宁愿把肉吃下去。"待人处事固然要"得理"，但绝对不可以"不饶人"，把事做到极点。留一点余地给得罪你的人，不但不会吃亏，反而还会有意想不到的惊喜和感动。

世界是复杂多变的，不论谁都不应该仅凭一家之言和一己之见，自以为是的为某件事做出决定。路径窄处，留一步与人行；滋味浓的，减三分让人尝。要给人留有余地，多为他人着想，这是一种美德，是每个人都必须要遵守的美德。

06　适应环境

美洲鹰生活在加利福尼亚半岛上，由于美洲鹰的价钱不菲，加上当地人的大量捕杀以及工业文明对生态环境的破坏，美洲鹰终于绝迹了。

可是，近年来，一名美国科学家、美洲鹰的研究者阿·史蒂文竟在南美安第斯山脉的一个岩洞里发现了美洲鹰。这一惊人的发现让全世界的生物科学家对美洲鹰的未来又有了新的希望。

一只成年的美洲鹰的两翼自然展开后长达 3 米，体重达 20 公斤，由于加利福尼亚半岛上的食物充足，将美洲鹰养成了这样一种巨鸟，它锋利的爪子可以抓住一只小海豹飞上天空。

可令人奇怪的是，就是这样一种驰骋在海洋上空的庞然大物，竟然能生活在南美安第斯山脉的狭小而拥挤的岩洞里。

阿·史蒂文在对岩洞的考察时发现，那里布满了奇形怪状的岩石，岩石与岩石之间的空隙有仅 0.5 英尺，有的甚至更窄。而且有些岩石像刀片一样锋利，别说是这么大的庞然大物，就是一般的鸟类也难以穿越。那么，美洲鹰究竟是怎样穿越这些小洞的呢？为了揭开谜底，生物学家阿·史蒂文利用现代科技手段在岩洞中捕捉到了一只美洲鹰。

阿·史蒂文用许多树枝将美洲鹰围在中间，然后用铁蒺藜做成一个直径 0.5 英尺的小洞让它飞出来。美洲鹰的速度惊人无比，阿·史蒂文只能从录像的慢镜头上仔细观看，结果发现它在钻出小洞时，双翅紧紧地贴在肚皮上，双脚直直地伸到尾部，与同样伸直的头部形成一条直线，看上去就像一段细小而柔软的面条。它是用以柔克刚的方式轻松地穿越了蒺藜洞。

显然，在长期的岩洞生活中，它们练就了能够缩小自己身体的本领。在研究中，生物学家阿·史蒂文还进一步发现，每只美洲鹰的身上

都结满了大小不等的痂,那些痂也跟岩石一样坚硬。可见,美洲鹰在学习穿越岩洞时也受过很多伤,在一次又一次的疼痛中,它们终于练就出了这套特殊的本领。为了生存,美洲鹰只能将身体缩小,来适应狭窄而恶劣的环境,不然就很难得到生存!千百年来,动物和人类一样都在为生存而战。

　　达尔文说过:"物竞天择,适者生存。"人生在世,必须学会适应环境。因为在很多时候,人不可能要求环境来适应你,而只能是我们自己去适应环境。这是自然规律,也是社会规律。

　　现实生活中,我们常常感到周围环境不尽如人意:自然条件恶劣,人与人之间互相倾轧,工作压力大,报酬太低……面对这些烦恼,不少人整天抱怨生活待自己不公,牢骚满腹,怨天尤人。其实,静下心来想一想,就会明白,即使是皇帝,也没有能力让周围的一切都如他所愿。对周围的环境,我们要想改变它是很困难的,这时候,我们应该通过改变自己来适应环境。路还是原来的路,境遇还是原来的境遇,而我们的选择灵活了,路和境遇所给予我们的感受也就截然不同了。

当你来到一个新的环境，当这个新的环境和你的个人观念有摩擦时，你要尽快地随之改变，以适应这个新的环境。如果你无法适应新环境，就只有两种选择：要么你去改变这个环境，让环境来适应你；要么你只能被这个新环境淘汰。然而，让环境来适应你一个人，是不现实的，既然环境适应不了你，那么只有你去适应环境了。

适应环境就意味着对自己的改变，因为同一个环境里生活着许许多多的人，而我们每一个人的性格、志趣、学识、能力却不尽相同，对环境的要求是千差万别的。因为社会环境的变化发展是不以我们的主观意志为转移的，常常超出我们习惯的生活轨道。世界不在我们的掌握之中，但命运却掌握在我们自己手中。我们必须学会改变自己，让自己融于环境之中，与自己生存的环境和谐共存。

必须承认，我们大多数人都处在非常尴尬的生存环境中，一方面渴求成功，所以不得不使自己融入社会，适应环境；另一方面又想尽力摆脱世俗的挤压，争取更大的个性空间。在两难的选择中，大多数人是应该有所改变的，否则很难生存和发展。这种改变是进退自如、动静由心的自信与实力的体现。

在当今激烈的竞争环境中，适应能力对于每个渴望成功的人来说都是非常重要的。优秀还是平庸，往往就在于你对环境的适应能力！如果你是职场中的职员，任何时候你都要注意环境的细微变化以及这些变化所隐含的趋势，并且随着环境的变化，不断变化战术。在适应环境的过程中肯定有碰壁的疼痛和酸楚的泪水，也肯定有面对坎坷与荆棘的茫然和彷徨。只有面对失败而不屈，面对压力而刚毅，在适应的过程中越挫越勇的人，才能最终成功。

07　要有长远的眼光

《太平广记·治生篇》中记载了这样一个关于唐人裴明礼的故事：

有一次，裴明礼看到城中金光门外有一片大水坑，价钱极便宜。

裴明礼从水坑的地理位置和今后发展的趋势，预算到它将很有价值，马上将这个大水坑买了下来。接着，裴明礼便去水坑中央竖起一根大木杆，上面吊了一个筐子，张贴了这样一则广告：

凡用砖石击中筐子者，赏钱一百。

这则广告一时轰动了全城，许多人都去那里击筐领赏，连过路的行人

都禁不住停下随手以石投击一下。但是杆高筐小，命中率很低，砖石都掉入水坑，不久水坑即被填满。所以，并没有人得到这份赏钱。

很明显，裴明礼张贴这则广告的真正目的并不是赏钱。他在这片被

填满砖石的土地上搭起了牛羊棚圈,供贩卖牛羊的商人们使用,很快牛羊粪便堆积成山。在春耕时,他又把粪肥售予农家,得钱一万多贯。

几年后,裴明礼又在这片土地上盖起房屋、院落,并栽花、养蜂,收取蜂蜜出售,赚的钱越来越多。

世界上最穷的人并非是身无分文者,而是没有远见的人。同样观察当前形势,有的人能睿目观世界,慧眼识潮流;有的人却茫然如坠烟海。这就是成功者和失败者之间的本质区别。

美国作家唐·多曼在《事业变革》一书中认为,"把眼光放长远"是取得成功的一条秘诀。虽然,世事瞬息万变,任何一个人都无法预测将来的事情,但想要成就人生,成就事业,还是不得不去策划明天,预见未来,这就需要有长远的眼光。没有长远眼光的人只看到眼前的、摸得着的、手边的东西,相反,有长远眼光的人心中装着整个世界。美国作家乔治·巴纳说:"远见是心中浮现的将来的事物可能或者应该是什么样子的图画。"所以,如果想成大事,就必须确定你远大的目标。对于创业的人来说,没有什么比成功更令人向往的了。然而,在现代社会,人与人的关系、行业与行业的关系、企业与企业的关系越来越复杂,这就要有更大的勇气和最好的方法。

然而,社会上总有许多目光狭隘的人,他们只看得到眼前的一点点利益,对长远总体的计划视而不见。等到将来损失之后,才知道抱怨当初自己为什么没有将眼光放得长远一些。真正眼光长远的人不会在乎一时的得失。长远的眼光是一种积淀,能成就今后的人生。

我们要想成大事,就要把目光盯在远处,确定自己人生的方向,用远大志向激发自己,并咬紧牙关、握紧拳头,顽强地朝着自己的人生目标走下去。没有这种品性的人,是绝对不可能成大事的,甚至连小事都做不成。

未来向每一个人张开双臂等待着、欢迎着。从现在到未来的时光流逝中,幸运之神不会偏袒任何人。容易满足眼前成就的人不可能成为真正的成功者,终将走向衰败和没落。而一个成大事的人,总是有一颗积极向上的心,他们不畏生活中的艰难困苦,他们总是目光远大,能够透过眼前的迷雾看到将来的成功。

08　责任点燃激情

某户人家养了一只小狗。有一天,小狗忽然走失了,这户人家马上报了警。几天后,小狗被人送到警察局,警察立刻通知了这家人。在等待主人到来的空隙,警察突然发现这只小狗没有一点欢喜的神情,反而悲伤地流泪了。

警察相当好奇:"你应该高兴才对,怎么流泪了呢?"

小狗回答:"警察先生啊,你有所不知,我是离家出走的啊!"

警察有些吃惊:"你家主人虐待你了吗? 为什么要出走呢?"

小狗悲伤地说:"我在主人家已经待了好多年,从一开始就负责家人的安全,一直很尽忠职守地执行我的职责。当然主人也夸奖我,平时见到我会摸摸我、拍拍我,常会带我出去散步。那种保卫一家人的成就感,那种受重视、受疼爱的感觉,让我更加提醒自己,要好好保护这一家人。直到有一天……"

"怎么样?"警察追问道。

"有一天家里装上了防盗门,从此我失业了,看门不再是我的职责,家人也不需要我保护了。整天无所事事,对家庭一点用都没有,虽然主人还是一样地饲养我,但是我实在受不了这种无所事事、备受冷落的感觉,所以才会离家出走,宁愿过流浪的日子。"

激情,是一种能把全身的所有细胞都调动起来的力量。在所有伟大成就的取得过程中,激情是最具有活力的因素。每一项改变人类生活的发明、每一幅精美的书画、每一尊震撼人心的雕塑、每一首伟大的诗篇以及每一部令世人惊叹的小说,无不是激情之人创造出来的奇迹。

激情是理想和信念的外化,是责任心的体现,是智慧和力量的迸发。

一个人之所以对工作缺乏激情,归根结底还是对工作缺乏责任感。责任感是我们在工作中战胜种种压力和困难的强大精神动力,它使我们有勇气排除万难,甚至可以把不可能完成的任务完成得相当出色。一旦失去责任感,即使是做自己最擅长的工作,也会做得一塌糊涂。

托尔斯泰曾说过:"一个人若是没有热情,他将一事无成,而热情的基点正是责任心。"所以,只有具备强烈责任心的人,才能具备做事的动力,才能获得成功。而这样的人,也是每个组织和机构最受欢迎的雇员,是每一个老板最欣赏和重用的人才。因为他们能在别人都放弃时仍坚持不懈,在所有人都认定事情已经穷途末路时仍殚精竭虑。他们不仅仅维持工作或恪尽职守,他们更深入内在,寻求更多的东西。

西方有句谚语:"要怎么收获,先怎么栽种。"也就是说,如果我们在工作和生活中养成了尽职尽责的习惯,那就等于为未来的成功埋下了一粒饱满的种子,一旦机会出现,这粒种子就会在我们的人生土壤中破土而出,成长为一棵参天大树。

倘若我们没有完成工作的热情,注定我们在任何岗位上都无法崭露头角。如果把自己从事的工作视为爱好,就会做出惊人的成绩;如果把自己从事的工作视为负担,那么将一生毫无成果。正如一位著名企业家所说:"成功并不是几把无名火所烧出来的成果,你得靠自己点燃内心深处的火苗。如果要靠别人为你煽风点火,这把火恐怕没多久就会熄灭。"

一个有责任感的员工,将工作当成一种荣誉,充满热情。对工作越有责任心,投入的热情就越多,成功的决心就越大,工作效率就越高。而实际工作中的许多事例也证明,只有那些能够勇于承担责任、具有很强责任感的人,才有可能被赋予更多的使命,才有资格获得更大的荣誉。

美国得克萨斯州还有一句古老的谚语:"湿火柴点不着火。"当自己觉得工作乏味、无趣时,有时不是因为工作本身出了问题,而是因为我们的激情不够。没有选择或现状无法改变时,至少还有一点是可以改变的:那就是去积极投入地点燃我们心中的热情,从工作中发现乐趣和惊喜,在工作的热情中创造属于自己的奇迹!

09　打破固有的思维模式

有条鳄鱼对他卧室里的墙纸喜欢到了极致。他好久好久地注视着它。

有一次,他自言自语地说:"看看这一排排整洁的花朵和叶子,她们就像一个个士兵那样排列得整整齐齐。"

"我亲爱的,"鳄鱼的妻子说:"你在床上待得时间太长了,快到花园里来吧,这里空气新鲜,阳光充足。"

"好吧! 如果你一定要我这么做,那么就请你稍微等一会儿。"为保护眼睛不受到阳光的照射,他戴上了一副深色的眼镜,随后走了出去。

鳄鱼的妻子为自己有这样一个美丽的花园感到骄傲。她说:"请看看这些一品红和万寿菊,再闻闻那些玫瑰和百合花……"

"天哪,"鳄鱼大叫道,"这花园里的花和叶子长得这么参差不齐、凌乱不堪,一点没秩序,太糟了,太糟了。"

鳄鱼非常生气地回到自己的卧室。可是当他一看到他的墙纸时,就高兴得把刚才的一切都忘光了。

"啊,"鳄鱼叹道,"这儿才算是一个美丽的花园呢。这些花儿使我觉得多么的欢乐,多么的安宁啊!"

从此以后,鳄鱼越发很少离开那张床,他一直躺在那里朝着墙壁微笑。最后他变成了一条面色苍白、容貌憔悴的鳄鱼。

只有敢于打破自己固有的圈子,打破固有的思维模式,才可能改变自己的命运,才可能拥有更加广阔的发展空间。

遗憾的是,我们常常被固有的思维模式所限制,而无法走出困境。很多人都有过创业的想法,因为自己创业可能会有更广阔的发展空间,使自己增加才干。但是创业是一种比较复杂的事情,涉及的不仅有资金、产品、商品的市场效应、自己的经营能力和决断能力,甚至还包括自己的人脉网络建设。这就需要灵活应对,八面玲珑。在这种情况下,一个缺乏思路的人,没有思考习惯的人,是很难成功创业的。尤其是初次创业,要把市场调查清楚,再制定有效的目标和实施计划,这同样离不开创新思维。那些死守习惯、不愿脱落惯有轨迹的人永远都是狭隘的,在瞬息万变的市场环境下,他们永远不会有所突破,更难以享受到成功的喜悦。

　　在我们的职业生涯中,都希望能够得到更多的帮助,希望自己的事业一帆风顺。但是,我们往往很难有这样的幸运,要出成绩,出成果,要成就一桩生意,难免要经过很多周折,遇到很多麻烦,因为别人的想法不一定跟我们相同,我们的想法也不一定是对的,这样,还是需要调动我们的思维,积极地思考,适当地改变我们的策略或思维定势,有时候,也许一个小小的改变,事情的结果就大不一样了。

第七章

07

方法总比问题多

在我们工作或生活的过程中，总要遇到一些问题。当遇到问题和困难时，你要主动去找方法解决，而不是找借口回避。方法是什么，不妨把西方现代思维方法和中国传统思维方法结合起来，多借鉴别人的经验，把问题想透彻，让问题迎刃而解。

01　抓住解决问题的关键

　　一个经营地毯的阿拉伯商人在巡视店面时,意外地发现自己放置的地毯中鼓起了一块,就上前用脚把它弄平。可过了一会儿,别处又隆起一块,他再次去弄平。然而,似乎有什么东西在专门和他作对,隆起接连在不同的地方出现,他不停地去弄,可总有新的地方隆起。一气之下,这个商人拉开了地毯的一角,一条蛇立刻溜了出去。

　　很多人都像寓言中的这位阿拉伯商人一样,他们发现自己的"店"中到处潜藏危机,却没有抓住解决问题的关键,而是"头痛医头,脚痛医脚"。在忙于充当救火队长的时候,他们根本不会想到"地毯下有蛇",想不到那些隐藏在表面现象背后的大问题。

　　你可能会拍着胸脯说:"我才没那么笨呢,我在解决问题之前总会找到问题的根源。"但事实又是怎样的呢?当你的同事获得晋升时,你以他为标准检查了自己,发现他更喜欢和上司在一起,而自己则没有。于是溜须拍马、说奉承话,美其名曰"与上司搞好关系",但最终你却被降职了。事后你才知道得到晋升的同事与上司所谈论的话题多是如何提高工作绩效、如何更好地安排工作、如何用系统的思维解决问题,而不是一味地奉承和说"软"话。

　　当你发现组织成员士气低落、绩效下降时,断定问题的症结在于成员的惰性,于是加大惩罚力度,但最终并未取得预期的效果。其实,问题的根源在于组织成员缺乏责任感,而角色不分、工具不对、指派不当只是表面现象。

　　我们每个人、每个组织、每个企业身上都会存在着一些我们未发现(或自己不愿意承认)的缺陷和不足。面对这些缺陷和不足,我们必须端正自己的态度——不袒护自己,深入地剖析自己,并勇敢地"掀开地毯的一角"。"鼓起一块,弄平一块"、得过且过的做法只会把我们推上失败之旅。任何时候,只有认识到问题的真正所在,才能将问题处理在"点"上,并高效地解决它。

1. 认清问题是解决问题的关键

在工作中,高效率的工作表现,是每个员工梦寐以求的。有的人通过努力实现了梦想,但更多的人在努力之后,却不得不面对绩效平庸的结果。当然他们并不甘心,带着满腔热情左冲右突,但结果仍然是令人难过的低绩效。

艰辛的付出为什么没能得到相应的回报?究其原因,就在于他们在努力之前,并没有找到制约业绩提高的真正"瓶颈"。

所以说,认清问题才是解决问题的关键。做好这一点,需要你充分运用自身的洞察力,对工作中的每一个环节进行调查,这是认清问题的关键步骤。但在现实中,很多人都忽略了这一点,他们自认为自己无所不知。面对绩效不彰的事实,他们认为自己就是闭上双眼或注视空气,也可得知事实真相。低绩效的事实刚摆在面前,他们就会马上宣布他们知道原因以及该采取的行动。结果一切努力都是白费,甚至令问题变得更复杂。

2. 找出问题的症结

很多人认为,那些有能力摆平或解决问题,避免问题阻碍工作顺利进行的人,就是解决问题的高手,就是最优秀的员工。其实这是有待商榷的。对此,下面的这个故事也许会给你一点启示。

从前,有位商人和他长大成人的儿子一起出海远行,他们随身带上了满满一箱子珠宝,准备在旅途中卖掉,他们没有向任何人透露过这一秘密。

一天,商人偶然听到了水手们的谈话,原来,他们的珠宝已经被发现了,水手们正在策划着谋害他们父子俩,以夺得这些珠宝。商人听了之后很害怕,他在自己的小屋内来回地走动,试图想出一个摆脱困境的办法。

儿子问他出了什么事情,父亲就把听到的全告诉他。年轻人大叫道:"和他们拼了!"

"不,他们会制服我们的!"父亲回答。

"难道要把珠宝交给他们吗?"

"也不行,他们会杀人灭口的。"

没过多久,商人满腔怒气地冲上了甲板。"你这个傻瓜,你从来就不听我的忠告!"他叫喊着。

"老头子,你说的每一句话都无法让我听进去!"儿子也大喊着。

父子俩的吵闹引起了水手们的注意,他们好奇地聚集到周围。突然,商人冲向他的小屋,拖出了他的珠宝箱。"忘恩负义的东西,我宁死于穷困,也不会让你继承我的财富。"商人一边尖叫道,一边打开珠宝箱,水手们的眼睛都直了,里面的珠宝价值连城。商人又冲向了栏杆,在别人阻拦他之前他将宝物全都投入了大海。

过了一会儿,父子俩突然像梦醒了似的,都直直地盯着海面,然后两人躺倒在一起,为他们所干的事而哭泣不止。

后来,当他们单独待在小屋时,父亲说:"再没有其他的办法可以救我们的命,我们只能这样做!"

"是的,您这个法子是最好的。"儿子答道。

水手想要的是什么,是珠宝,没有了珠宝,他们还会加害于这父子俩吗? 当然不会了。商人父子把珠宝投进大海,从而保住了性命。

只有认清问题并找到问题的症结,才能从根本上解决问题。在着手解决问题之前,如果你不能正确地找出绩效不彰的起因,即使认识到问题出在哪儿,你的改善方向也会出现偏差,绩效也难以实现实质性的提高。因此,相对于"治标"来讲,从问题的根本症结入手处理问题,更有价值,意义也更大。这样的人才是真正的解决问题的高手,才是真正优秀的员工。

要想找到问题的症结,从根本入手解决它,可以按照下面的四个步骤去做:

第一步:确认绩效不佳的事实。

第二步:自我叙述一下怎样才是好的表现,怎样才是不好的表现。

第三步:以此为标尺,衡量一下工作中所有自认为好的表现,看看是否有失真的地方。最好列出一张"失真"清单,以备对照改善。

第四步:细心倾听其他人对自己工作的反应。俗话说:"当局者迷,旁观者清。"别人的反应,常会让一些潜在的问题浮出水面。

解决问题时不能只治标不治本,否则,问题随时都可能出现,影响正常的工作。

02　不要盲目模仿

鹰从高岩上以非常优美的姿势俯冲而下,把一只羊羔抓走了。一只乌鸦看见了,非常羡慕,心想:要是我也能这样去抓一只羊,就不用天天吃腐烂的食物了,那该多好呀。于是,乌鸦凭借着对鹰的动作的记忆,反复练习俯冲的姿势,也希望像鹰一样去抓一只羊。

乌鸦觉得自己练习得差不多了,呼啦啦地从山崖上俯冲而下,猛扑到一只公羊身上,拼命地想把羊带走,然而它的脚却被羊毛缠住拔不出来了。尽管它不断地使劲拍打翅膀,但仍飞不起来。牧羊人看到后,抓住了乌鸦,并剪去了它翅膀上的羽毛。

选择自己学习的榜样,关键在于选对学习的对象和学习的重点。只有在向成功人士靠近的过程中始终保持清醒的头脑,才能实现标杆超越,最终取得好的效果。盲目模仿他人的人,是很难获得成功的。

当今社会竞争激烈,经济发展迅速,高素质的人才层出不穷。我们在看到别人的成功时,往往会羡慕他们,于是我们会试着去模仿,然而我们却未必能从中获得成功。盲目模仿,只会使我们步入误区。

不幸的是,现代社会有大多数人都活在"应该"的世俗标准里:"应该成为什么样的人","应该做什么样的事","应该过什么样的生活","应该",已经成为人们生活中的诸多限制。

为什么有那么多人任由自己的梦想消逝破灭？原因是，大多数人都是在做"应该"做的事，而不是做自己想做的事。他们太在意别人的想法，只想取悦别人，而不是取悦自己。人们总是忙于满足别人的期望，包括父母、亲友、伴侣和同事，最终丧失了自己的人生目标。我们是那么害怕成为与众不同的人，我们渴望自己与别人取得一致，正是这些想法，使我们对个人的梦想、创意以及热情进行着严重的限制。

绝大部分人都自然而然地想要模仿周围的一切，尤其在我们年轻的时候更是如此，比如：别人考研，他们也考研；别人出国，他们也出国；别人学电脑，他们也学电脑；别人学英语，他们也学英语……他们不加思考地追随着别人，浪费自己的精力、时间和生命，他们不顾自己的实际情况而盲目模仿别人。不幸的是，这样盲目模仿造成的结果是他们毫无热情地、麻木地工作，兢兢业业却收效甚微，最终成为一个平庸之才。

要知道闯出新路的伟大人物，决不抄袭他人，模仿他人，也不情愿墨守成规，使自己受到束缚。

格兰特将军从来不照搬军事教科书上的战术，他虽然受到多数将士的诘难与质疑,但他却能战胜强大的敌人。拿破仑并不熟知过去的一切战术,但他自己制定的新战略和新战术,竟能战胜全欧洲。那些有毅力、有创造力的人,经常是标新立异的先锋。

模仿他人的人,无论他所仿效的偶像是多么伟大,他也绝不会成功。在社会上,那些成功的机会以及可以帮助我们成功的资源是有限的,只有一部分少数者才能拥有。如果你盲目模仿,无异于踩上了一颗地雷,自取灭亡。只有绕开盲目模仿的误区,走与众不同的路,才能找到一条生路。

勇往直前的成功者,向着洒满阳光的大道走去。他们绝不去做已经有很多人正在努力做着的某件事情,也不会采用别人所用过的方法,他们只是采用自己独特的方法,做着适合自己的事。当今世界上的种种进步,都是不断打开新局面、开辟新道路的结果,都是摒弃一切陈腐学说、落伍思想、愚昧迷信而努力更新观念、不断创造的结果。

爱默生在其散文《自恃》中曾写道:“每个人在接受教育的过程当中,都会有一段时间确信嫉妒是愚昧的,模仿只会毁了自己;每个人的好与坏都是自身的一部分;纵使宇宙间充满了美好的东西,但如果不努力你什么也得不到;你内在的力量是独一无二的,只有你知道自己能做什么,但除非你真的去做,否则连你自己也不知道自己真的能做些什么。”

人类生活的改进,现代社会的繁荣,没有一样不是孕育在一批闯出新路者的脑海之中。虽然他们也会遇到困难、反抗,甚至是讥讽,但他们还是毫不顾忌地勇往直前,还是要冲破先例和旧习的束缚,创立更好的事物,以推动世界永无止境地前进。

其实,模仿本身并不是一件坏事,模仿中我们也能学到很多东西,但是盲目模仿是可悲的,它只会使我们迷失自我,注定是要走向失败的。当我们看到别人成功时,要想想我们自身是否具备成功的条件,结合自身的优势,有所选择才能走向成功。

03　一开始就做出正确的选择

工作中难免会遇到许许多多的问题。当你遇到问题时，不要盲目行动，应该静静心，细细地考虑斟酌一番，力争把问题看透、理清，一定要在开端做出正确的选择。

著名发明家爱迪生，在谈到自己做事的原则时说："有许多我自以为对的事，一经实地实验之后，往往就会发现错误百出。因此，我对于任何大小事情，都不敢过早地妄下过于肯定的决定，而是要经过仔细权衡斟酌后才去做。"

爱迪生的这番话，用我们中国的一句古语来概括，就是"三思而后行"。其实一切有成就的人，莫不如此。即使在现代职场上，这也是职场人士做事的金科玉律，值得我们遵守。

有些人总是急于求成，他们心中只有两种速度感——快与更快。似乎在大多数时候，他们都急得不得了，只想着做得快，成事快，而不在工作一开始时就思考一下具体应怎么做，这样不但没有很快达成目标，反而与目标背道而驰。

有一家出版社想要出版一本与时事密切相关的书。时间紧，任务迫切，及时付印有相当的困难，主编找到编辑小赵。当主编问他能不能按时完成时，小赵却不假思索，拍着胸脯回答说："没问题，保证完成任务！"预定的出书日子已经迫近了，主编问他进展如何，他才不得不说："不是想象的那么简单！"当时主编虽然没说什么，但心里却想，这小子做事草率，以后再有急迫任务可不能交给他了。小赵急于求成，一开始就选择了自己不能承担的过重的任务，导致了对自己不利的后果。或许你急着做的原因，是你的竞争者都在快速前进，使你觉得自己也非这么做不可。但问题是，因为你行动得太快，就很难决定哪一件事是重要的，就会浪费许多精力,并且容易犯错,事倍功半,得不偿失。

所以当你遇到问题时,"三思而后行"的做事原则,虽然不能保证你一做就会成功,却会使你的成功率达到最高点。

要顺利地完成工作,尽快地打开局面,重要的是一开始就要领会领导的意图。领导的意图有时不会直截了当地表达出来,需要下属仔细揣摩去做。下属在执行时就得深入观察,仔细揣摩,熟谙领导的习性,这样才能正确地理解他的意图。否则在具体执行过程中,就会发生很大偏差。经理让助理小李就全年的工作写份总结报告,并且嘱咐说:"越详细越好。"小李光调查情况就花了3个星期时间,把一年的工作事无巨细都写了出来。经理看了洋洋万字的报告,十分不满。原来经理的意思是希望总结得详细一些,可是小李不理解详细是指产品质量及生产方面,而在事务上"详细"写,连经理开了几次会,副经理出了几趟差,厂里搞了几次请客吃饭都写得清清楚楚。经理面对这份报告,无可奈何,只好自己重写。

小李对于经理的意图,实际上一开始就没有理解正确,而只限于机械地简单地理解执行。一开始就弄错了,出现工作失误也就在所难免了。

为了一开始就把事情做对,你在接受领导的指示或吩咐的时候,就不妨问得再清楚些。不要他说了什么,你就想当然地认为完全理解了。你首先得明白这项工作在整体工作当中处于什么样的地位,也应该明白他正处于什么样的需求和心理状态,同时应该根据他一贯的思想意图和工作作风来加以完整地理解。

好的开始是成功的一半,所以一定要在开端做出正确的选择。

04 成功者离不开换位思考

有一家跨国公司的董事长要退休了,他需要一位才智过人的接班人。经过一段时间的物色和观察,最后他挑出了两个候选人,一个叫赖恩,一个叫布斯,两个人同样优秀。

两个人皆善于骑马,所以董事长想出了一个用赛马来选人的办法。

一天,老董事长邀请两位候选人赖恩和布斯到他的马场。当赖恩和布斯来到马场时,老董事长牵着两匹同样好的马走出来,说:"我知道你们都精于骑术,这里有两匹同样的好马,我要你们比赛一下,最后胜利的将会成为我的接班人。"

"赖恩,我把这匹棕马交给你;布斯,你骑这匹黑马。"两个候选人接过马后,各自打量马的素质,查看马鞍等用具,十分仔细,生怕有什么疏忽。

布斯想:"幸好我一向都坚持练习,这次董事长之位非我莫属。"想到这里,他不禁沾沾自喜。

这时,董事长宣布了一条令人吃惊的比赛规则:"我要你们从这里骑马跑到马场那一边,再跑回来。谁的马慢到,谁就是我的接班人!"

布斯从自己的美梦中醒过来,不能相信自己的耳朵;赖恩也以为自己听错了,呆立着不知如何是好。

两人心里都很奇怪:"骑马比赛都是比速度快,谁快谁就赢,怎么还会有比慢的呢?"

董事长见两人都张着嘴巴没说话,以为没听清楚,又大声说道:"我再重复一次,这次比赛是比'慢',不是比'快'的。下面,请各到自己的位置上,我数三下便开始。"

"一、二、三,开始!"

三声过后,赖恩和布斯仍然站在原地,不知该怎样做。过了好一会儿,赖恩突然灵机一动,迅速跳上布斯的黑马,然后快马加鞭地向着马场的另一边跑去,把自己的马留在后面。

布斯看着赖恩的举动,觉得很奇怪:"赖恩怎么骑了我的马?"

当布斯想明白是怎么一回事时,已经太迟了。他自己的黑马已经遥遥领先,赖恩的棕马还留在原点,任他怎样追也追不上自己的马。结果,布斯的马最先到达终点,布斯输了!

"恭喜！恭喜！"董事长高兴地对赖恩说，"你可以想出有效创新的办法，这证明你有足够的才智继承我的位置。"

"我现在宣布，赖恩便是公司下一届的董事长！"

赖恩的成功之处在于他能站在老董事长的角度出发，懂得利用规则，因为老董事长要求的是"马"慢到，而不是"人"慢到。生活中，你有过这样的经历吗？当遇到某些难题一时无法解决的时候，只要后退一步，站在别人的立场上来思考，也就是换位思考，问题就好解决多了。

就商业界来讲，对顾客服务已经成为当今企业生死攸关的一件大事，不能等闲视之。对某些企业来说，对顾客服务的好可能就是指给顾客提供更舒适的设施、更健康的菜单等，这些都不成问题，只要努力，很容易就办得到。

然而，如果只是被动地等待意见箱填满了意见，或等到有人寄抱怨函来再做改善，可能为时已晚。重要的是永远要比顾客先走一步，比顾客想得更多。精明的领导人永远要领先想到顾客下一步会需要什么——也许是几个月后、几周后，甚至几天之后。而这些都必须基于站在他人的立场了解一切。

其实，换位思考就是一种角色互换的方法，假设自己站在对方的位置上，想想对一个行为或言论的反应、感觉如何。

由相似吸引原理可知,当人们的看法、态度和价值观等方面相似时,就会有互相喜欢的趋势。当我们站在别人的立场来考虑问题时,相互之间就会找到很多共同语言,从而增进双方的关系。

生活中有许多以自我为中心的人,从来不站在别人的立场上看问题,致使看问题过于片面,吃力不讨好。如果他能换位思考一下,就会发现,出现在他面前的是广阔的空间,任你施展才华,而且完全可以从容地应对,不必担心失败。

但是,换位思考也并非易事。比如提问题,你提出的虽然都是些简单的问题,但关键是这个问题一定要由你来提出。你可以在任何场合提出,包括工作、家庭或社交场合都可以。当我们站在对方的立场上来考虑问题时,就会很容易地找到那个潜伏着的理由,同时也找到了顺利解决问题的方法。

其实,我们每个人都应该站在他人的立场看问题。只有换位思考,将心比心,才能使问题变得简单,也才会看得更深、更远。

05 独特才能领先

美国有一家蛋糕店,生意特别红火。在蛋糕店林立的街头,为什么只有它这么受青睐呢?原因就是它首创了一种可以将顾客指定的照片"印"在蛋糕上的技术,而且创造了在一块传统的生日蛋糕上,点缀一些祝贺的文字或是五彩奶油的装饰品。

虽然这样一块蛋糕收费比较高,但慕名前来的客人络绎不绝。人们都吃腻了那些平常的奶油蛋糕,上面只有花草动物,丝毫没有什么特别的地方。而在这家蛋糕店,顾客只要把自己想印在蛋糕上的照片交给工作人员就行了。工作人员会用摄影机将照片的影像摄入,然后转成电脑下达的指令,5 分钟后蛋糕上就会出现与照片一模一样的人物头像。整个

图像就像一幅丝质屏风,惟一不同的是这个图案可以食用。

来这里定做这种蛋糕的客人,有庆祝结婚周年的夫妻,也有庆祝孩子生日的父母,还有不少影迷和歌迷把他们心目中的偶像照片带来"印"在蛋糕上。

在商业竞争激烈的战场上,企业如何才能吸引顾客,让自己的产品占领市场,的确是一个值得认真思索的问题。其实,纵观大多数成功者,不难发现,他们都会有别人没有的特点,正是这些独特之处,让他们处于领先地位。

当今市场讲求产品创新、技术创新、意识创新。谁能够与众不同,谁就能够成为市场上的一枝独秀。从某种程度上讲,企业独特的服务或特有的商品在给顾客带来方便的同时,更成了企业的一种资产。它折射出消费者对企业的认可程度,也是企业与消费者联系的纽带。在日益激烈的市场竞争中,企业也只有形成与众不同的风格,才能保持长久的生命力。

企业经营者要想使自己的产品在激烈的市场竞争中独领风骚,就要敢于打破常规,善于变换思维,创造出属于自己的独特产品,这样才能在市场中立于不败之地。

"顾客就是上帝"是当今每个企业经营者深知的道理。其实,在古代,商家就认识到顾客的重要性,他们认为"顾客乃养命之源",商号的兴衰盈亏,全都要靠顾客,唯有得到顾客的信任与扶持,才会有店铺的兴盛与发展。而要想赢得顾客,商家就必须以独特的营销方式、独特的产品、独特的服务,最大程度地满足顾客的需求,而这样的做法得到的当然是丰厚的利润回报。

孔子说:"善出奇者,无穷如天地,不竭如江河。"经营企业,不要热衷于"跟风",应有自己的创新理念,独具慧眼,独辟蹊径,独树一帜,出奇才能制胜。

06　勇于尝试并重视自己

在小吉 11 岁时,他的父亲得了重病,卧床不起,他不得不继承父业,在乡村作一个制面条工。这个少年要奉养他的双亲、六个弟弟和三个妹妹。他除了每天夜里加工面条外,还必须在第二天把面条卖出去。几年下来,他的这项家庭产业已经远近闻名,而这也证明他不仅是一个能干的生产者,还是一位优秀的销售员。

20 岁时,小吉爱上了一位武士的女儿。这个年轻人深知他未来的岳父不会乐于让自己的女儿同一个制面条的工人结婚。因此,他就激励自己要改变地位,要和对方的身份相称。

像世界上许多取得了成就的人一样,小吉不断地寻求能够帮助他改变自己命运的特殊知识。

他像一个孩子初入学校一样渴望新知识,只不过他走进了大学课堂。他谦虚好学的态度赢得了教授的好感,两个人成为好朋友。

在一次闲聊中,教授告诉他一种从未被证实过的关于珍珠的由来的理论。这位教授说:"当外界的一种物体,例如一粒沙子,粘到牡蛎的体内时,如果牡蛎不会因为这个物体死去,它就会以一种分泌物包住这个物体,这种分泌物就在牡蛎的壳内形成珍珠母。"

小吉听了教授的话后,全身热血沸腾起来!他立即向教授提出一个问题:"如果我饲养牡蛎,然后精细地放一个微小的外界物体到牡蛎的体内,会长出珍珠吗?"教授鼓励他不妨试试。他太兴奋了,简直迫不及待地要获取这个问题的答案。

他首先运用从那位大学教授那儿学到的知识去进行观察,然后应用他的想象力并进行创造性的思考。他认定,如果所有的珍珠仅仅是当外界物体进入牡蛎体内时才能形成,他就能使用这一自然定律发展珍珠生产。他能把外界物体置于牡蛎体内,迫使牡蛎生产珍珠。

小吉有了这种愿意尝试的积极心态,并且积极把自己的想法付诸实践。终于,他改换了他的职业,变成了一位珍珠商。同时,他也拥有了渴望的爱情。

没有人能否认小吉是一位成功人士,而使他成功的正是他乐于尝试的好心态。他用自己的行动为所有人演绎了成功原则:让所学到的知识发挥作用。因为知识本身不能使你成功,只有把它应用到实践中,才可以给你带来成功。

小吉成功的另一个原因是他重视自己。他没有因为自己是一个制面条的工人而自卑,没有在生活的重压下自暴自弃。

一个人要想获得别人的尊重,首先要自己尊重自己,这是人人共知的道理。但总有一些人虽然从容貌、地位上看并不比别人差,但却总是自我轻贱,认为自己什么都不行,对别人的呼来喝去也听之任之,不加反驳,整天不敢抬头看人,同时也越来越不自信,越来越看不起自己,到头来一事无成。殊不知,他越是这样做,越被别人看不起,从而形成恶性循环。反之有些人虽然衣衫褴褛,貌不惊人,却因不轻视自己而取得成功。

在美国费城大街,来往的人们经常会看到有一个衣着不甚光鲜的青年在徘徊,他目光幽深,惹人注目。有的人感到很好奇,就问:"你这样整天走来走去在忙些什么?"

他带着几分自信回答:"我想找寻一份工作啊!"他的回答不但没有引起别人的注意,反而被许多人耻笑,笑他一个像乞丐似的人还想要找工作,他也就只能做个乞丐。面对别人鄙视的目光,他并不灰心,他相信自己一定能行。

终于有一天早晨,他走进富商鲍罗杰的办公室,请求他牺牲1分钟的时间和自己谈话。鲍罗杰对这位外衣不整洁、极度窘困的怪客感到异常惊奇,想要拒绝,但青年眼光中流露出的睿智与真诚触动了富商。

富商犹豫片刻,出于好奇和同情答应了他的要求,但只答应说一两句话。可谁也没想到,正是这一两句话,改变了青年的生活。

他们谈了20句、30句,时间也从1分钟到10分钟、15分钟直到2个小时,他们谈得十分投机、热烈,许多想法都不谋而合。

最后,富商请青年留下用午餐,答应给他一个很好的职位,并说只要他肯努力,还要给他高薪。

故事虽然带有传奇性,但它却告诉我们:成功的关键是重视自己,认识自己的价值所在。

具有一定社会地位只是受到别人尊重的外因,要想真正赢得别人的重视,首要条件是不看轻自己,相信自己一定能行。只有这样才能在机会到来时及时抓住它,为成功铺路架桥。小吉和青年的成功也正是因为他们拥有这样的好心态。

07　对待非议要理智

生活中,你可能会发现这样一种奇怪的现象:越是优秀的、有才能的人越容易遇到恶意的指控、陷害,更经常会遇到种种不如意。有的人会因此大动肝火,甚至完全失控,最终遂了害人者的意,把事情搞得越来越糟,以致在对手面前判了自己的"自动出局"。而有的人则能很好地控制住自己的情绪,泰然自若地面对各种刁难和不如意,使自己立于不败之地。

霍华德出生在 20 世纪 30 年代早期的美国,经过一番努力奋斗,成为一位很有才华的大学校长。在亲友的怂恿下他准备竞选州议员,而且看起来很有希望赢得选举的胜利。

但是,在选举的过程中,有一个很小的谣言散播开来:在他任教务主任期间,曾跟一位年轻女教师"有那么一点暧昧的行为"。这实在是一个弥天大谎,霍华德对此感到非常愤怒。

由于按捺不住对这一恶毒谣言的怒火,在以后的每一次聚会中,他都要站起来极力澄清事实,证明自己的清白。

其实,大部分选民根本没有听到过这件事,但是经过他的一再申辩,人们却越来越相信有那么一回事,真是越抹越黑。

记者们也振振有词地反问:"如果你真是无辜的,为什么要百般为自己辩解呢?"如此你来我往的问答绝不亚于火上浇油,使得霍华德的情绪变得更糟糕,也更加气急败坏。

于是,戏剧性的场面出现了:无论在什么场合,只要有机会,霍华德一定声嘶力竭地站出来为自己解释并谴责谣言的传播者,反而没有机会提及自己的竞选纲领和措施,给了对手可乘之机。

然而他的这一做法,更使人们对谣言信以为真。最悲哀的是,连霍华德太太也开始转而相信谣言,夫妻关系因此大受影响。霍华德在谣言面前的"自动出局"导致了竞选的惨败,使他从此一蹶不振。

"人在风中走,难免身着沙"。来自别人的批评和攻击,是不可避免的。其实我们有时候也会不自觉地攻击别人和批评别人,想到自己在那种境况下的心情,就应该多给予别人鼓励和支持,而不是非议。在面对别人对我们的非议时,我们要保持清醒的头脑,理性思考。

如果没有做错事情,你就不要顾虑别人的说法。挺起胸膛,让众人的挑剔成为激进你的力量。"时间能证明一切",让你日后的行为为你证明吧,行动胜于一切语言的表白,时间会让你的形象比以前更加高大,更加坚实。

任何人的成功都不可能一帆风顺,都会伴随着一些坎坷,凡是有所成就的人,定会在某些方面有所失,其行为也常常不被众人理解。行走在通往成功的道路上,你会发现,当你取得成绩时,不了解你的人,会忽视你的努力,而在你成功的过程上添加他们认为合理的因素。这些都是你总要面对的,想要人人都理解你,根本不可能。你要做的是,别去理会,用实际行动改变他们的想法。

一个人既然不能脱离群体而独立存在,那么就想办法融入其中。在职场中,与同事融洽相处是一门学问,其中,最重要的是真诚。当他们工作中有困难时,你应该在你能力范围内及时予以帮助;置之不理,冷眼旁观,甚至落井下石,那样的同事关系永远是冷漠的。当有同事遇到问题需要询问你的意见时,用你的所知所解告诉他们,即使说得不好或并不适用,他们也会感动你的"听",感动你的"答",一个肯"听"、肯"答"别人的人还会招人讨厌吗?如果他因心情不悦说话办事时冒犯了你,你也要保持冷静，以无所谓的态度，真心真意地原谅他；如果今后他有求于你时，你应该不计前嫌并毫不犹豫地帮助他。

也有一些无事生非的人，总是习惯性的找茬儿生事，如果你受他们影响或分散精力去反击，那就如同艾伯拉姆斯将军所说的："别跟猪打架——到时候你弄得一身泥，而它们却乐得很呢。"

一个有理智的人，是一个聪明的人，他能控制自己的感情，尽量做到不发怒，并善于运用理智，将情绪引入正确的表现渠道，使自己按理智的原则控制情绪，用理智驾驭情感。

请牢记：在各种非难面前唱主角的该是你的理智。

08　教训和经验同样重要

从前，有一个打鱼人在东海里颠簸了大半生，掌握了一流的捕鱼技术，被当地人尊称为"渔王"。但是"渔王"年老的时候却有一件心事，让他非常苦恼，那就是他的三个儿子的打鱼技术都很平庸。

"我真不明白，我的三个儿子的渔技为什么这么差，他们看上去根本不像是我的儿子？"年老的"渔王"因为这桩心事养成了爱唠叨的习惯，他周围的人们经常能听到他这样不断地诉说，"我从他们懂事起就开始向他们传授经验了，手把手地教他们，我把我一生所掌握的技术全部教给他们了，可是没想到他们的技术竟还是这样差，还不如一个普通渔民的儿子！"

有一天，一位刚从海上打鱼回来的人，听了他的诉说后，说："渔王呀，你一直手把手地教他们吗？"

"是的，为了让他们学到一流的技术，我总是不厌其烦地教。"

"他们至今还跟随着你一起出海打鱼吗？"

"是的，我一直让他们跟着我，为的是让他们少走弯路，掌握更多的技术，这样做有什么错吗？"

"你的错误正是在这里,"那位打鱼人说,"你只是传授给他们技术,却没有让他们去接受教训。对于成大器者来说,教训和经验同样重要,缺一不可!"

我们从小受的教育说,中华民族有五千年的文明,古人为我们留下了许多宝贵的经验,我们应认真学习、吸收、借鉴、为我所用。学习别人的经验固然重要,但学的再多也是别人的。要想把别人的经验变成自己的,你就必须去实践,在实践中接受教训,在教训中丰富经验。这样,才能完善并寻找到一套适合自己的经验。

在实践别人的经验的过程中,我们避免不了会遇到各种失败。

我们习惯于在成功中歌功颂德,却忽略在失败中汲取教训。人皆期望成功,但却忘了成功的经验完全奠基在失败上;成功根本就是从失败的矿土中提炼出来的,没有失败哪来成功。

即使是一些小小的错误,我们都可以从中学到些什么。很多时候,我们不要局限在事实表面,不要以为错了,失败了,就是结果了,就别无选择了,你要能透过事实看到本质,知道为什么会犯这样的错误并加以改正,才能有所进步。如果从一个失误中你能领悟到一条或几条经验,那么这个错误就没有白犯。

每一次失败的考验,都具有它的意义和价值。重挫总是带着新机来到你的生活世界。所以说,失败和痛苦并不是一件坏事,它将为你带来新的希望和未来。

谁都失败过。美国的华特·迪斯尼是家喻户晓的娱乐戏剧艺术大亨,他曾被开除过,失败过,经营事业的初期曾破产过。亨利·福特是福特汽车公司的创办人,在研发生产之初,同样破产过。哪一个人没有失败过呢?可能只有平庸的人才没有失败的经验。

其实,成功与失败分属于两个不同性格的人。能再接再厉、东山再起,那是成功者的性格;脆弱而经不起打击的人,纵有良好家世渊源,也是扶不起的阿斗。问题的关键就在于怎么看待失败,肯用心从中寻找它的信息的人,就能避免错误,得到新的创意,为自己寻找一条通向成功的路。

09　得意之时不忘形

炎炎夏日,蚊虫肆虐,人们对此深恶痛绝。它们虽不易灭绝,但捕杀却非常容易,原因很简单,它们时常得意忘形,从而把自己推上死路。

如果仔细观察就会发现,有些蚊子在吸食人畜的血液时,在没有受到惊扰的情况下,它会一个劲儿地吸起来没完,直到飞不动或勉强飞往一处自认为安全的地方休息,安于享受成功。此时它们吃饱喝足的身体已变得迟钝,完全忽视了危险的存在,而此时正是它们接近死亡的时刻,若现在想杀死它,已无须奋力拍打,只需轻轻一按,它们便一命呜呼。

蚊子的死是罪有应得,但它给我们的启示却是深刻的:一个人经历千辛万苦换来成功的甘果时,是手捧观之得意洋洋,还是保持冷静视之为过去,重新设定新的目标,并加倍努力去实现。选择前者,就选择了和蚊子一样的命运;选择后者,成功的甘甜将会始终伴随左右。

得意忘形、失意变形是人性的一个弱点。要想成功,必须克服这一弱点。也就是说,当你得意的时候,一定要淡然,不可忘形,要以平和之心对待,否则,得意的背后往往隐藏着失意。

在当今世界彩色胶片市场上,只有两个强有力的对手相互竞争:美国的柯达和日本的富士。

20世纪70年代柯达垄断了彩色胶片市场的90%。但是,1984年,富士公司取得"第23届奥运会专用"的特权后扶摇直上,直逼柯达的霸主地位。

第23届奥运会是在美国召开的,在天时、地利、人和的情况下,柯达反而打了败仗,为什么呢?

主要原因在于柯达的骄傲轻敌,它被排出奥运会赞助单位名单之外是一个严重的战略性错误,正因如此,富士公司才有了一个发展的大好机会。

奥运会前夕,柯达公司的营业部主任、广告部主任等高级管理人员十分自信地认为,按照柯达的信誉,奥运会要选择大会指定的胶卷,非柯达莫属。因此,他们认为再花 400 万美元在奥运会上做广告完全是多此一举。当美国奥委会来联系时,柯达公司的管理人员盛气凌人,爱理不理,还要求组委会降低赞助费。这时,富士公司却乘虚而入,出价 700 万美元,因此争取到了奥运会指定彩色胶片的专用权。

此后,富士公司竭尽全力地展开奥运攻势,在奥运场地周围树立起铺天盖地的富士标志,胶卷也都换上了"奥运专用"字样的新包装,各个比赛场馆设满了富士的服务中心,一天可冲洗 1300 卷的设备和人力安排停当,承办放大剪辑业务的网点处处可见,富士摄影频频展出……"要让参加奥运会的运动员、观众能在奥运会上时时处处看到'富士'"——这就是富士公司的广告宣传策略。

富士的强大宣传攻势,给柯达带来了巨大的冲击。很快,柯达的销量直线下降。这下柯达公司才着急了,并紧急召开董事会研究对策。广告部主管被立即撤职,亡羊补牢的紧急措施一条又一条地下来:拨款 1000 万美元作为广告费,挽回广告战败局。于是,在各地公路出现了柯达的巨幅广告牌,聘请世界级运动员大做广告,主动资助美国奥运会和运动员;赠给300名美国运动员每人一架特制柯达照相机。这些补救措施虽然起到了一点作用,但对于失去奥运会的独家赞助权来说,它已为时过晚、收效甚微了。

美国汽车大王福特曾说:"一个人如果自以为已经有了许多成就而止步不前,那么他的失败就在眼前了。许多人一开始奋斗得十分起劲,但前途稍露光明后,便自鸣得意起来,于是失败立刻接踵而来。"人在得意之时表现一下自我陶醉的心情是可以理解的,这是人之常情,无可非议。但是千万不要得意而忘形。有些人获得得意之事时超出了自我欣赏的意境,狂喜到忘形的地步,做出一些有悖于常理、令人厌烦的事情,甚至丑态百出,干出损人身心健康的事来,这些都是要不得的。

人生总有得意时,得意可以愉悦身心,也可自我欣赏小酌。但我们应该做到得意时抽身而退,不管鲜花掌声,阳光照耀,须低调埋首,默然缄口,变灿烂为平淡。凡成就大事者,没有得意忘形的。他们无论立了多么大的功劳,创立了多么大的基业,仍然脚踏实地地奋斗着,不吹嘘、不狂傲、不藐视他人、不抬高自己,这是一种道德完善的表现,这样的人才是事业和生活的强者。

希腊有名的雄辩家戴摩斯说:"维持幸福,远比得到幸福困难。"同样的道理,好的成绩得来不易,但更难的是在于如何保持好的成绩。所以,在得意之时,切莫忘形,以致乐极生悲。必须更加积极奋发,以使好成绩永久不坠。

10　用最重要的时间做最重要的事

对最高价值的事情投入最充分的时间,你在工作中的效率一定会提高。当你高效率地利用时间的时候,对时间就会获得全新的认识,知道每一秒钟的价值,算出每一分钟究竟能做多少事情。这时,你要是还担心不被提升,就是杞人忧天了。德国大诗人歌德曾经说过:"我们都拥有足够的时间,只是要好好地善加利用。一个人如果不能有效利用有限的时间,就会被时间俘虏,成为时间的弱者。一旦在时间面前成为弱者,他将永远是一个弱者。因为放弃时间的人,同样也会被时间放弃。"

美国著名思想家本杰明·富兰克林有一段名言:"记住,时间就是金钱。比如说,一个每天能挣 10 个先令的人,玩了半天,或躺在沙发上消磨了半天,他以为在娱乐上仅仅花费了几个先令而已。不对,他还失去了他本应得到的 5 个先令……记住,金钱就其本性来讲,绝不是不能'生殖'的。钱能生钱,而且他的子孙还有更多的子孙……谁杀死一头生仔的猪,那就是消灭了它的一切后裔,以至于它的子孙万代。如果谁毁掉了 5 先令的钱,那就毁掉了它所能产生的一切,也就是说,毁掉了一座英镑之山。"

富兰克林通俗易懂地阐释了这样一个道理:时间就是金钱,只有重视时间,才能获取人生的成功。

成功人士都是以分清主次的办法来统筹时间,把时间用在最有"生产力"的地方。

每天面对大大小小、纷繁复杂的事情,如何分清主次,把时间用在最有生产力的地方? 有三个判断标准:

1. 我需要做什么

这有两层意思:是否必须做,是否必须由我做。非做不可,但并非一定要你亲自做的事情,可以委派别人去做,自己只负责督促。

2. 什么能给我最高回报

应该用 80% 的时间做能带来最高回报的事情,而用 20% 的时间做其他事情。所谓"最高回报"的事情,即是符合"目标要求"或自己会比别人干得更高效的事情。最高回报的地方,也就是最有生产力的地方。

3. 什么能给我最大的满足感

最高回报的事情,并非都能给自己最大的满足感,均衡才有和谐满足。因此,无论你地位如何,总需要分配时间于令人满足和快乐的事情,只有这样,工作才是有趣的,并易保持工作的热情。

通过以上"三层过滤",事情的轻重缓急很清楚了,然后,以重要性优先排序,并坚持按这个原则去做,你将会发现,再没有其他办法比按重要性办事更能有效利用时间了。